HEYNE BÜCHER

SACHBUCH

Dr. Joachim Bublath ist Wissenschaftsjournalist und Träger internationaler Filmpreise. Im November 1990 wurde ihm der ARD-Telestarpreis für die Sendungen »Abenteuer Forschung« und die »Knoff-hoff-Show« verliehen.

Joachim Bublath

Verblüffende Experimente aus der Naturwissenschaft

Wilhelm Heyne Verlag
München

HEYNE SACHBUCH
Nr. 19/339

Die Ratschläge in diesem Buch sind von dem Autor und vom Verlag sorgfältig erwogen und geprüft, dennoch kann eine Garantie nicht übernommen werden. Eine Haftung des Autors bzw. des Verlags und seiner Beauftragten für Personen-, Sach- und Vermögensschäden ist ausgeschlossen.

Ungekürzte Taschenbuchausgabe im Wilhelm Heyne Verlag
GmbH & Co. KG, München

Printed in Germany 1995
Umschlagillustration: Elmar Kohn, Landshut
Umschlaggestaltung: Atelier Adolf Bachmann, Reischach
Herstellung: Andrea Cobré
Reproduktionen: Fotolito Longo, Frangart
Satz: DTP
Druck und Verarbeitung: RMO, München

ISBN 3-453-08151-X

INHALT

Die Rakete
in der Küche
Seite 7

Der Tanz
der Vampire
Seite 21

Wasser mit
Haut
Seite 33

Schwarz
verschluckt
alles
Seite 45

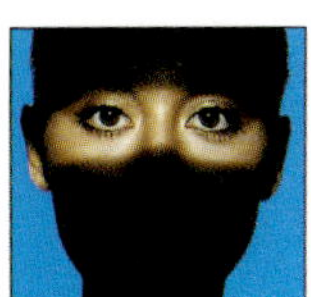

Spaß mit Seife
Seite 55

Das Geheimnis
des Fliegens
Seite 67

Luft mit Gewicht
Seite 77

Segeln ist wie
Fliegen
Seite 87

Wasser als
Bergsteiger
Seite 97

Looping mit
Knoff-hoff
Seite 105

esa
ariane

DIE RAKETE IN DER KÜCHE

Raketen, die z. B. Nachrichtensatelliten in den Weltraum bringen, sind für uns heute selbstverständlich, obwohl diese Technik erst seit etwa 30 Jahren gut funktioniert. Überraschend ist das Antriebssystem, das die Rakete nach vorne treibt: An ihrem Ende zischen heiße Gase aus der Raketenhülle. Inzwischen weiß zwar jeder, daß sich die Rakete nicht vom Boden abstößt, aber was sonst läßt die Rakete nach oben schießen?

Auch ohne Feuer und Qualm kann man eine Rakete oder ein Fahrzeug, das nach dem Raketenprinzip angetrieben wird, bauen. Notwendig dazu sind eine Flasche, etwas Backpulver und Essig. Außerdem muß die Flasche mit einem passenden Korken verschließbar sein und auf 5 runden Bleistiften rollen können. Das Backpulver wird in die Flasche gefüllt – dazu kommt Essig. Sofort beginnt das Gemisch zu brodeln, denn beim Kontakt des Backpulvers mit dem Essig entsteht ein Gas – Kohlendioxid. Die Flasche wird jetzt schnell mit dem Korken verschlossen und auf die Bleistifte gelegt. Nach einigen Sekunden kommt es zum Raketenstart – automatisch, denn das Kohlendioxid in der Flasche entwickelt sich so heftig, daß der Überdruck den Korken herauspreßt. Er fliegt nach hinten, und die Flasche wird zum Raketenauto. Sie rollt auf den Bleistiften nach vorne. Ein überraschender Effekt, der jedoch nicht immer einträchtige Freude hervorruft, weil mit dem Korken oft auch etwas Backpulver-Essig-Gemisch nach hinten spritzt. Zur größeren

Freude kann man an dem Korken noch einige Papierstreifen befestigen. Interessant ist es zu beobachten, daß sich die Flasche nach vorne bewegt, wenn etwas – der Korken – nach hinten wegfliegt. Und mit dieser Erkenntnis ist die Phantasie kaum mehr zu bändigen. Schnell erfunden ist das Lehmauto. Gemeint ist damit ein Kinderwagen mit Lehmklumpen gefüllt. Setzt man sich in den Wagen und wirft die Lehmklumpen nach hinten, so bewegt sich der Wagen in die entgegengesetzte Richtung. Dieser Antrieb ist nicht besonders wirkungsvoll, jedoch gelangt man mit diesem Experiment zu einer weiteren Einsicht. Je größer der Lehmklumpen ist, der nach hinten geworfen wird, um so weiter rollt der Wagen. Besteht der »Treibstoff« nur aus gleich großen Lehmklumpen, so kommt es offenbar auf die Geschwindigkeit an, mit der die Lehmbrocken geworfen werden. Je höher die Abwurfgeschwindigkeit, um so mehr Antrieb gibt es für den Wagen in die entgegengesetzte Richtung.

Bei Raketenautos ist diese Antriebsidee elegant verwirklicht. Sie stoßen heiße Gase nach hinten aus, um vorwärts zu kommen.

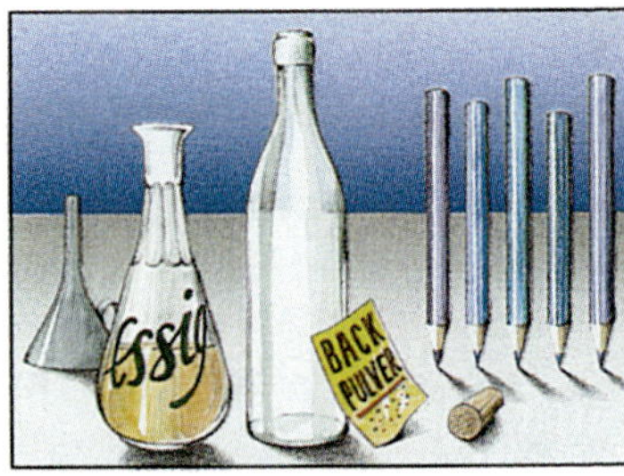

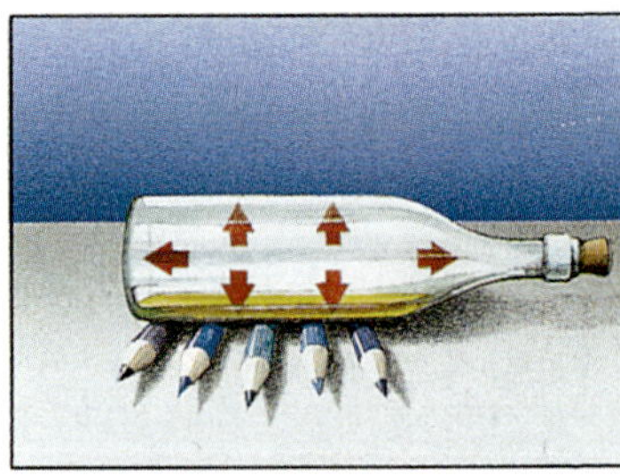

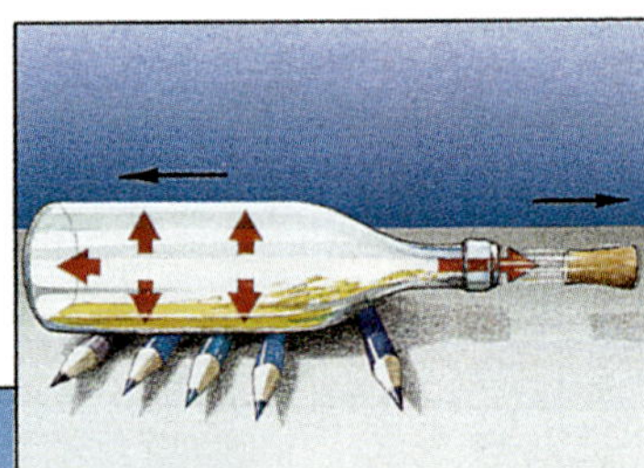

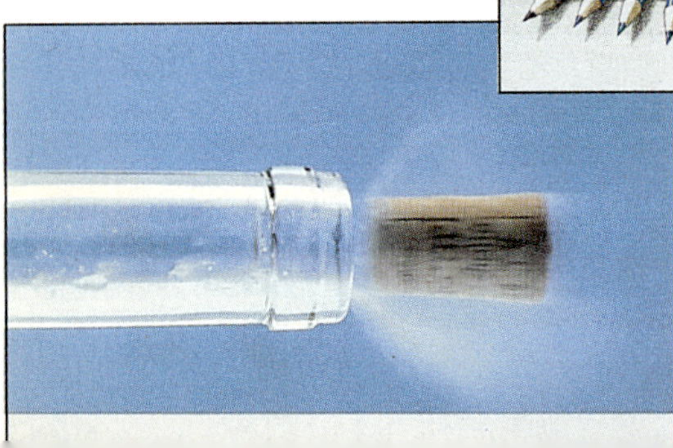

Beide Wagen erreichen dieselbe Geschwindigkeit.

Weil die Gasteilchen äußerst klein sind und nur eine geringe Masse besitzen, müssen sie mit sehr hoher Geschwindigkeit nach hinten geschleudert werden, um das Auto nach vorne zu treiben. Das ist nach der Erfahrung mit dem Lehmauto verständlich. Damit diese hohe Ausstoßgeschwindigkeit erreicht wird, muß in der Rakete eine heftige chemische Reaktion ablaufen – eine Verbrennung z. B., bei der durch die plötzliche Wärmeausdehnung die Teilchen nach hinten weggeschleudert werden. Besonders effektvoll ist das, wenn man Wasserstoff und Sauerstoff miteinander reagieren läßt. Im »Space-shuttle« werden die beiden Gase ja in flüssiger Form in einem riesigen Tank mitgeführt. Aber auch andere Stoffe reagieren heftig miteinander, Hydrazin (eine Wasserstoff-Stickstoffverbindung) mit dem Sauerstoff oder feste Substanzen in den Feststoffraketen. Die Austrittsgeschwindigkeit der Teilchen bei diesen »chemischen« Raketen beträgt etwa 4000 m pro sec. Bei unserer Essig-Backpulver-Rakete ist diese Geschwindigkeit weitaus geringer – aber mit dem Gas schleudern wir auch noch den Korken – und damit mehr Masse – nach hinten weg. Und deshalb ist die Wirkung auf die Flasche groß – wie es ja das Experiment mit dem Lehmauto gezeigt hat.

Dieser Trick mit dem Rückstoß findet sich auch in der Natur. Tintenfische stoßen nach hinten Wasser aus, um sich nach vorne bewegen zu können. Weil es nicht so einfach ist, einem Tintenfisch zu begegnen, begnügen wir uns, ei-

nen Versuch mit einer Libellenlarve zu machen. Diese Larven sind im Frühjahr leicht in einem Teich zu finden. Sie treiben recht langsam im Wasser; spüren sie jedoch Gefahr, so fliehen sie mit schnellen, ruckartigen Bewegungen. Legt man eine Libellenlarve in eine mit Wasser gefüllte Glasschale, so wird schnell deutlich, wie diese Bewegung zustande kommt. Die Larve saugt in das Hinterteil Wasser ein, stößt dann diese Masse schnell wieder aus und bewegt sich dadurch nach vorne. Sichtbar wird dieser »Raketenantrieb« durch etwas Farbstoff, der in die Nähe des Hinterteils gegeben wird und sich beim Fortbewegen mit dem rückwärts ausgestoßenen Wasser vermischt. Übrigens saugt die Libellenlarve ständig Wasser in den Hinterleib ein. Dort befinden sich kleine Kiemen, die das Atmen ermöglichen. Das verbrauchte Wasser wird durch das Zusammenziehen des Hinterleibs langsam wieder abgegeben. Nur bei der Flucht geschieht das heftiger – mit dem Vorteil des Raketenantriebs. Durch das Zusammenpressen des Hinterleibs erreicht das ausgestoßene Wasser keine allzu hohe Geschwindigkeit – deshalb ist der Effekt – wie wir aus dem Versuch mit dem Lehmauto wissen, nicht allzu hoch. Zur Richtungsänderung eignet sich der Antrieb der Libellenlarve jedoch hervorragend. Wir können diese Möglichkeit nachempfinden, wenn wir einen flexiblen Duschschlauch in die Wanne legen und den Wasserhahn öffnen. Der Schlauch tanzt wie wild in der Badewanne herum und läßt sich nur schwer einfangen. Auch hier liegt die Ursache für die Bewegung im herausströmenden Wasser.
Für dieses Experiment

Beim Start eines Spaceshuttles werden heiße Gase nach hinten ausgestoßen.

sind Handtuch und Wischlappen äußerst hilfreich.

In der Technik benutzen wir erstaunlich oft das »Raketenprinzip«. Beim Rudern z. B. schieben wir mit dem Ruder Wasser nach hinten, um mit dem Boot vorwärts zu kommen. Je mehr und je schneller Wasser nach hinten bewegt wird, desto rascher schwimmt das Boot in die entgegengesetzte Richtung. Allerdings begrenzt die Kondition des Ruderers die Geschwindigkeit des Bootes. Beim Schwimmen schaufeln wir Wasser nach hinten, um vorwärts durch das Wasser gleiten zu können. Und ein Motorschiff benutzt eine Schraube, um das Wasser mit einer bestimmten Geschwindigkeit nach hinten zu drücken. In der Luft wird dieses Verfahren etwas komplizierter; denn Luft ist weitaus dünner als Wasser, d. h., die Luftteilchen, die es nach hinten wegzuschleudern gilt, um vorwärts zu kommen, sind viel leichter als die Wasserteilchen. Deshalb muß man wie bei unserem Lehmauto die Ge-schwindigkeit der weggeschleuderten Teilchen erhöhen, um ein vernünftiges Resultat bei der Vorwärtsbewegung zu erreichen. Bei einem Düsentriebwerk gelingt das mit einem technischen Kniff. Luft wird angesaugt und in der Brennkammer mit dem Treibstoff gemischt. Das entzündete Treibstoff-Luft-Gemisch dehnt sich schlagartig aus und strömt mit hoher Geschwindigkeit nach hinten weg – das Düsenflugzeug bewegt sich nach vorne. Das Triebwerk dient nur dazu, die Luft schnell zu machen und nach hinten wegzustoßen. Ein Boot ist leicht mit Raketenantrieb

Tintenfische bewegen sich durch das Rückstoßprinzip vorwärts.

auszurüsten. Dazu wird eine Kondensmilchdose geleert. Die beiden dazu notwendigen Löcher werden zunächst dazu benutzt, um die Dose zu spülen und etwa zu 1/4 mit Wasser zu füllen. Dann verlötet man die Löcher und bohrt in der Mitte des Deckels ein kleines Loch. Die Dose wird auf einem Spielzeugboot befestigt und eine Kerze darunter gestellt. Nach einiger Zeit bringt die Kerzenflamme das Wasser in der Dose zum Kochen, und der Dampf strömt aus dem kleinen Loch. Das Boot beginnt sich zu bewegen, denn auch bei dieser Konstruktion werden Teilchen – nämlich der Dampf – nach hinten weggeschleudert und treiben dadurch das Gefährt in die entgegengesetzte Richtung. Diese Dampfboote gibt es auch als Spielzeug zu kaufen. Ein solches Dampfboot kommt einer Rakete in einer Sache sehr nahe: Auch hier wird der Treibstoff mitgeführt, der nach hinten weggestoßen wird. Ein Düsentriebwerk benutzt ja weitgehend die umgebenden Luftteilchen zum Wegschleudern nach hinten. Das funktioniert ganz gut innerhalb der unteren Schichten der Erdatmosphäre. Will man sich jedoch aus der etwa 17-20 km hohen Atmosphäre herausbewegen, so muß man die nach hinten wegzuschleudernde Masse mit sich führen; denn der Weltraum ist praktisch ein Vakuum. Der Energieinhalt des mitgeführten Treibstoffs muß groß sein, d. h., die Teilchen müssen möglichst schnell nach hinten weggeschleudert werden, um die Raketen vom Boden abheben zu lassen. Das heißt, aus einer möglichst kleinen Treibstoffmasse muß viel Energie gewonnen werden, denn auch der Treibstoff muß ja mit nach oben transportiert werden. Nur wenige Treibstoffe sind so energiereich – so explosiv –, und auch die erlauben nur eine relativ kleine Nutzlast. So wiegt die Europarakete Ariane IV 470 t, die Nutzlast, die diese Rakete auf eine 36 000 km Bahn um die Erde schießen kann, beträgt jedoch nur 2,5 t!

Das Ziel wäre, die weggeschleuderten Treibstoffteilchen schneller zu machen, denn damit gewinnt man ja mehr Antrieb, wie das Beispiel des Lehmautos zeigt. Weil die Austrittsgeschwindigkeit bei chemischen Treibstoffen begrenzt ist, wird mit anderen Möglichkeiten experimentiert – mit »elektrischen« Raketen. Hier werden elektrische Felder erzeugt, wie sie zwischen Plus- und Minuspolen auftreten. Elektrisch geladene Teilchen – Ionen genannt – werden in diesen Feldern beschleunigt, weil ja z. B. ein positiv geladenes Ion vom Mi-

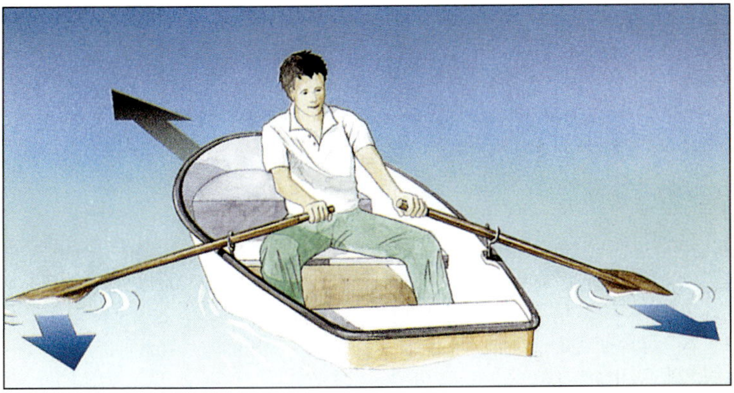

nuspol angezogen wird. Durch geschicktes »Hintereinanderschalten« dieser Felder kann man die Ionen auf etwa 60 km/sec beschleunigen, das ist 15mal schnell als bei einer chemischen Rakete. Im Labor hat man diesen Antrieb schon getestet. Jedoch gibt es bei diesen Ionentriebwerken Nachteile. Sie funktionieren nur im Vakuum, denn die Luftmoleküle stören durch Zusammenstöße die Beschleunigung der Ionen. Außerdem gewinnen die Ionentriebwerke nur sehr langsam an Geschwindigkeit, weil die »weggeschleuderte« Masse – die Ionen – doch recht gering ist. Die elektrischen Raketen kommen jedoch weitaus länger mit ihrem Brennstoff aus als die chemischen, deshalb eignen sie sich gut für lange Weltraumreisen mit zwar schwachem, doch kontinuierlichem Antrieb. Zunächst allerdings muß sie ein chemischer Antrieb in das Vakuum des Weltalls hinausheben. Auch im Wasser versucht man, mit Hilfe von elektrisch geladenen Teilchen das Rückstoßprinzip zu verwirklichen. Im Meereswasser gelöst befinden sich Salze, die in diesem Zustand in Ionenform, als elektrisch geladen vorliegen. Elektrisch geladene Teilchen reagieren auf elektro-magnetische Felder. Es gibt Versuche, Schiffe mit einem Magnetantrieb zu bewegen, der sich diesen Effekt zunutze macht. Dazu umschließen sehr starke, supraleitende Magnete eine Röhre unter Wasser. Quer

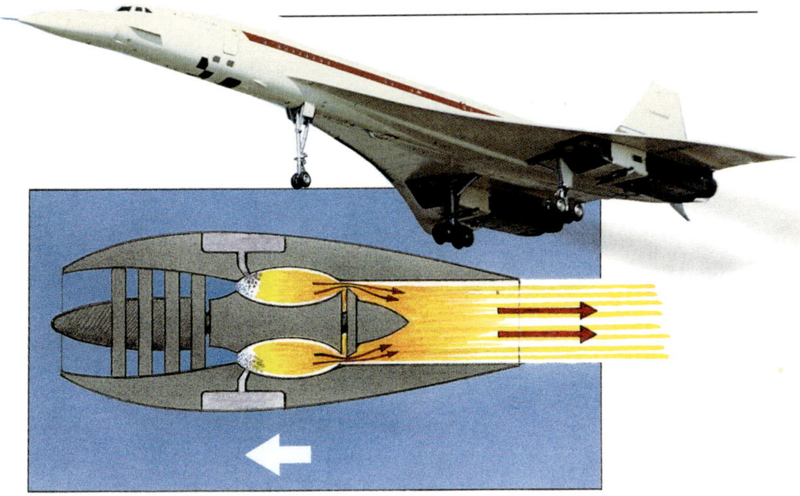

Bei einem Düsentriebwerk strömen die heiße Luft und die Abgase aus den Bremskammern nach hinten aus.

zur Röhre erzeugt man eine elektrische Spannung. Die Ionen im Meerwasser bewegen sich in diesem Feld – vergleichbar mit einem elektrischen Strom. Das Magnetfeld schiebt diesen Teil des Wassers nach hinten weg. Das funktioniert so ähnlich wie bei einem stromdurchflossenen Draht, der ja auch aus dem Feld eines Magneten herausgedrückt wird. Das Wasser strömt infolge dieser auftretenden Kräfte ständig durch diese Röhre nach hinten weg und das Schiff bewegt sich dadurch nach vorn. Verführerisch ist bei diesem neuen Triebwerk, daß es ohne bewegliche Teile auskommt – nichts rotiert oder reibt sich an einem anderen Teil. Der mechanische Verschleiß kann so vermieden werden. Allerdings muß man diesen so theoretisch einfachen Antrieb zunächst in der Praxis ausprobieren – und das treten oft unvorhergesehene Schwierigkeiten auf. Der Wirkungsgrad z. B. ist äußerst klein und außerdem wird das Meereswasser unter der Wirkung des elektrischen Stroms zersetzt.

Eine Rakete muß ihre Teilchen, die sie nach hinten wegstößt, um sich vorwärts zu bewegen, mit sich führen; denn im luftleeren Raum ist nichts anderes zum Zurückstoßen

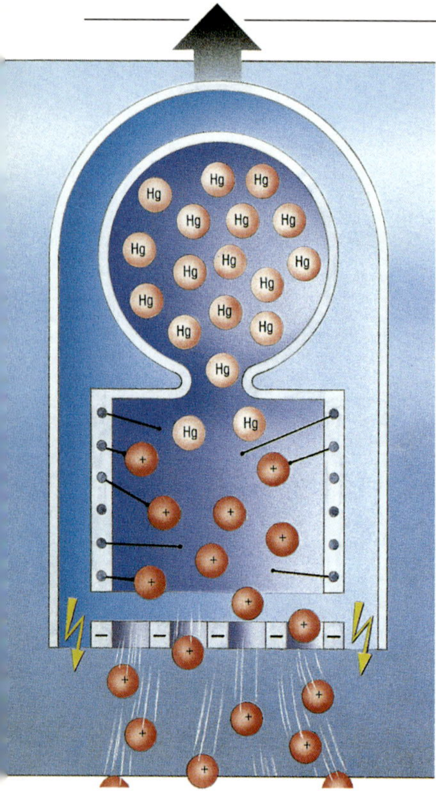

Bei Ionentriebwerk werden z. B. Quecksilberteilchen mit Elektronen beschossen und dadurch ionisiert. Ein elektrisches Feld »zieht« die Ionen nach hinten und stößt sie heraus.

vorhanden. Wie sie sich nach vorne bewegt, wird mit einem Luftballon verständlich. Ist der Luftballon aufgeblasen, so bewegen sich in seinem Inneren Luftteilchen schnell hin und her, prallen gegen die Gummiwand, werden zurückgeworfen, und das geschieht ständig, denn durch diesen Aufprall – diesen Druck – kann der aufgeblasene Luftballon überhaupt erst seine Form gegen die ihn umgebende Luft beibehalten. Läßt man den aufgeblasenen Luftballon frei, so strömt die eingeschlossene Luft aus – und der Luftballon schwirrt wie eine unkontrollierte Rakete durch den Raum. Die Teilchen, die in der Nähe der Öffnung gegen die Luftballonhaut gestoßen sind, finden jetzt keinen Widerstand mehr und strömen aus. Andere Teilchen jedoch stoßen ständig weiter an die gegenüberliegende Gummiwand und treiben so den Luftballon vorwärts – bis die Überzahl an Luftteilchen aus dem Luftballon geströmt ist und er schlaff zu Boden fällt. Bei einer Rakete nun

Vergleich:	chemische Rakete	elektrische Rakete
Geschwindigkeit des Treibstoffs	4 km/sec	60 km/sec
Massenanteil des Treibstoffs	85 %	30 %
Raketengeschwindigkeit	7,6 km/sec	21 km/sec
Startbeschleunigung	2 g	10^{-4} g
Antriebsdauer	3 Minuten	1 Jahr

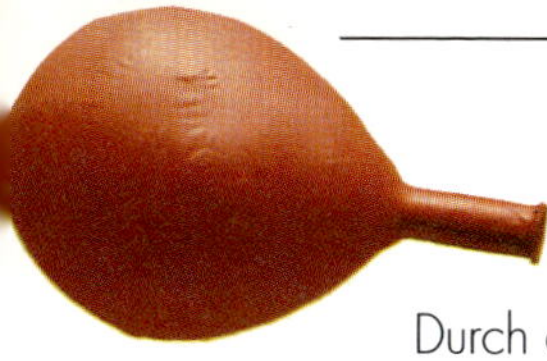

funktioniert der Antrieb vergleichbar.

Durch das Verbrennen des Treibstoffs wird der Überdruck – das Aufprallen der Gasteilchen auf die Metallwände des Triebwerks – erzeugt. Auf der Seite der Öffnung des »Raketenmotors« strömen die Teilchen nach außen. Den Luftballon kann man weitaus gezielter durch den Raum schwirren lassen. Dazu wird ein dünner Draht oder ein Nylonseil vom Boden zur Decke eines Zimmers gespannt. Dann zieht man durch ein Stück eines Trinkhalms die Schnur und befestigt daran mit einem Klebestreifen den Luftballon. Strömt jetzt die Luft aus dem Ballon, so startet er wie eine Rakete und wird durch die Schnur auf seiner Bahn gehalten. Genau betrachtet spielt das Rückstoßprinzip auch beim Autofahren eine Rolle. Die Räder – vom Motor angetrieben – stoßen sich an der Erdoberfläche ab. Sie »schieben« die Erde nach hinten,

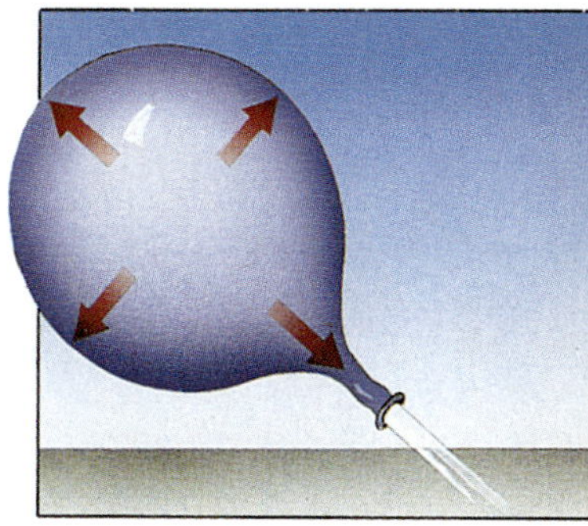

Beim Magnetantrieb werden »Wasserpakete«, durch die ein elektrischer Strom fließt, nach hinten ausgestoßen.

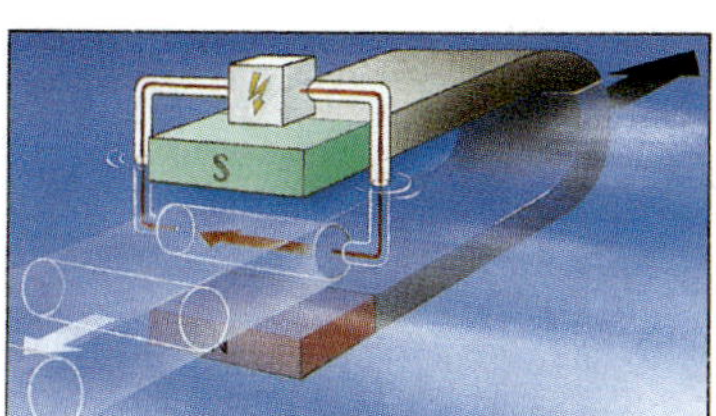

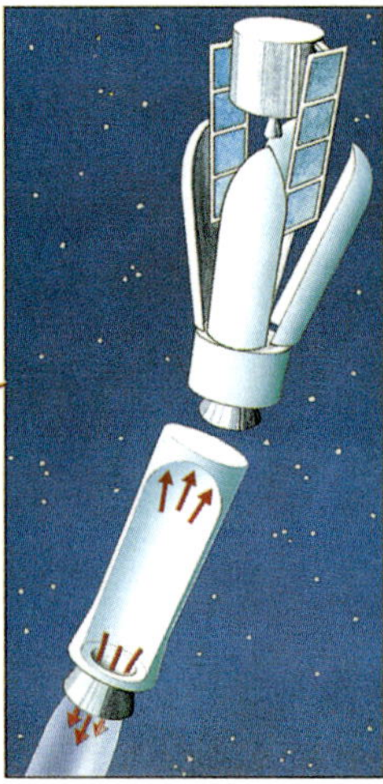

Das Prinzip des Antriebs ist bei einer Rakete und bei einem Luftballon dasselbe.

um selbst nach vorne zu kommen. Die Erdkugel ist jedoch so mächtig, daß sie sich durch Autos nicht aus der Ruhe bringen läßt. Selbst wenn alle Autos der Welt zur gleichen Zeit in dieselbe Richtung starten würden, wäre der Effekt auf die Erde vernachlässigbar klein. Der Gedanke, mit Hilfe des Rückstoßes die Schnelligkeit der Erddrehung zu verändern ist allerdings für Langschläfer interessant. Die Erde dreht sich in 24 Stunden einmal um ihre eigene Achse. Dabei wendet sich jede Seite der Sonne zu und wieder ab – so entstehen Tag und Nacht. Um das zu verändern sollten sich alle Langschläfer dieser Welt zusammenfinden, und jedes Mitglied des Vereins müßte sich ei-

ne Kanone kaufen. Die Drehung der Erde erfolgt in West-Ost-Richtung – leicht zu merken; denn im Osten geht ja die Sonne auf. Deshalb müßten alle Kanonen des Langschläfervereins nach Osten gerichtet sein und gleichzeitig abgeschossen werden. Die Hoffnung der Langschläfer ist, daß sich durch den Rückstoß die Geschwindigkeit, mit der sich die Erde um die eigene Achse dreht, verringert, die Nacht dadurch länger wird. Gewonnen wäre damit allerdings nicht nur die Verlängerung der Nacht – gleichzeitig würden ja – bei langsamerer Erddrehung – auch die Tage länger werden. Die Gegner dieses Projektes wiederum müßten ihre Kanonen in die Gegenrichtung – nach Westen – aufstellen und abfeuern, um

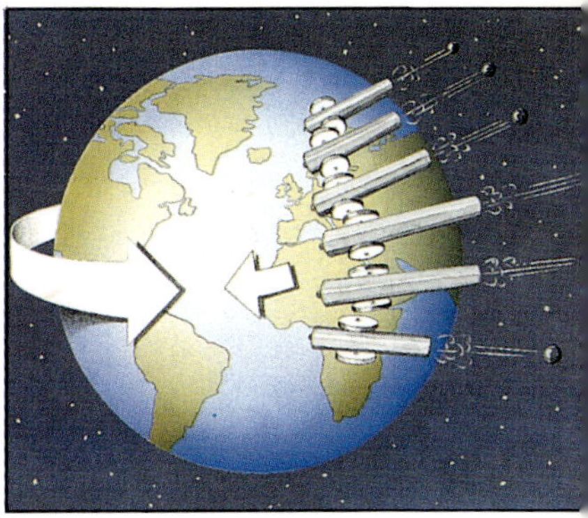

Der Plan des Langschläfervereins für eine längere Nacht.

die Erde wieder in den alten Rhythmus zu bringen. Aber diese Gedankenspielerei hat einen Haken. Die Masse der Kanonenkugeln ist im Vergleich zur Erdmasse sehr klein, und die Abschußgeschwindigkeit ist außerdem begrenzt. Um so eine mächtige Kugel wie die Erde aus dem Gleichgewicht zu bringen, bedarf es da schon weitaus größerer Massen und Geschwindigkeiten – wie es das Beispiel mit unserem Lehmauto gezeigt hat. Ein sehr unrealistisches Gedankenspiel also, mit dem Rückstoß unsere Lebensbedingungen verändern zu wollen.

DER TANZ DER VAMPIRE

Wir haben uns daran gewöhnt, den elektrischen Strom als selbstverständliche Energiequelle zu nutzen – obwohl zu seiner Erzeugung eine Menge »Knoff-hoff« notwendig ist. Der elektrische Strom ist ein Beispiel dafür, wie der Mensch aus Beobachtungen in der Natur erstaunliche Verbesserungen abgeleitet und dadurch Maschinen und andere technische Anwendungen gefunden hat, die unser Leben entscheidend beeinflussen.

Allein schon die Erfindung der Glühlampe bedeutete einen tiefen Einschnitt in den Rhythmus unseres Lebens – die Nacht konnte zum Tage gemacht werden. Heute haben sich auf der Basis des elektrischen Stroms Techniken entwickelt, die ein wichtiger Baustein unseres organisierten Lebens darstellen – Computer sind nur ein Beispiel dafür.

Die ungezähmt Elektrizität war allerdings schon seit alters her den Menschen bekannt – dann wenn Blitze auf die Erde herunterfuhren. Aber auch im kleineren Maßstab ist es möglich, etwas über die Elektrizität zu erfahren. Und diese kontrollierbaren, kleinen Kunststücke waren es auch, die den Weg für die großen, erstaunlichen elektrischen Anwendungen vorbereiteten. Eindrucksvoll ist zum Beispiel dieses Experiment: Eine Kunststoffscheibe wird auf zwei Holzklötze gelegt. Darunter schiebt man kleine Papierschnitzel, Styroporkügelchen oder Puffmaisteilchen. Wird die Scheibe jetzt mit einem Wolltuch gerie-

ben und danach das Tuch angehoben, so passiert etwas Seltsames. Die leichten Teilchen unter der Platte beginnen zu schweben und scheinen an der Scheibe festzukleben! Man kann diesen Versuch interessanter gestalten, wenn man aus winzigen Styropor- oder Holundermarkkügelchen kleine Figuren zusammenklebt. Nach dem Reiben beginnen die Figuren unter der Platte zu schweben und zu tanzen.

Die Erklärung hat etwas mit der Elektrizität zu tun. Wissenschaftler stellen sich vor, daß es überall positive und negative elektrische Ladungen gibt. Ist etwas elektrisch neutral, so sind gleich viele positive und negative Ladungen vorhanden. Durch das Reiben mit dem Tuch werden von der Platte negative Ladungen (Elektronen) abgestreift. Die Platte ist gegenüber dem Boden mit Holzklötzen isoliert, d. h. es können keine Elektronen vom Boden über die Holzklötze zur Kunststoffplatte fließen, um dadurch den Ladungsverlust auszu-

gleichen. Die Platte ist also gegenüber dem Boden positiv geladen. In der Modellvorstellung der Wissenschaftler ziehen ungleiche elektrische Ladungen einander an, gleichartige stoßen sich gegenseitig ab. Weil die positiv geladene Platte unbedingt ihren Ladungsverlust ausgleichen möchte, entsteht um sie herum ein elektrisches Feld, das negative Ladungen anzieht. Die Teilchen unter der Platte, die auch negative Ladungen tragen, werden angezogen und – weil sie so leicht sind – auch hochgehoben. Diesen Trick kann man auch anwenden, um Pfeffer und Salz zu trennen. Sind einmal der Pfefferbehälter und das Salzfaß umgekippt und haben sich beide Inhalte miteinander vermischt, so kann man mit einem Kunststoffstab den Pfeffer vom Salz trennen. Der Stab wird mit einem Wolltuch gerieben und über das Gemisch gehalten. Die leichten Pfefferteilchen springen an den Stab – die schweren Salzkörner

Mit einem Kunststoffstab lassen sich Salz und Pfeffer trennen.

bleiben liegen. Sie würden selbstverständlich genauso wie der Pfeffer reagieren – weil sie ja die gleiche elektrische Ladung tragen – aber wegen ihrer größeren Masse reicht die elektrische Anziehungskraft nicht dazu aus, die Schwerkraft zu überwinden.

Viele überraschende Effekte zeigen sich, wenn unterschiedliche Materialien aneinander gerieben werden. Man wird Sie für einen Zauberer halten, wenn Sie versuchen, einen aufgeblasenen Luftballon an die Decke zu »kleben«. Selbstverständlich fällt der Luftballon – ohne das entsprechende »Knoff-hoff« – immer wieder nach unten.

Reiben Sie jedoch den Luftballon einige Male am Teppichboden entlang, so gelingt das Kunststück: Der Ballon bleibt für einige Zeit an der Decke »kleben«. Auch hier steckt die Erklärung in den elektrischen Ladungen. Beim Reiben über den Teppichboden gelangen negative elektrische Ladungen auf den Luftballon. Die positiven Ladungen an der elektrisch neutralen Decke ziehen den geladenen Luftballon an. Weil Gummi den elektrischen Strom kaum weiterleitet, können die negativen Ladungen vom Luftballon nur schwer abfließen und die elektrische Neutralität wieder herstellen. Deshalb bleibt der Anziehungseffekt für einige Zeit erhalten. In Räumen mit hoher Luftfeuchtigkeit gelingt dieses Kunststück allerdings nicht so gut. Die Feuchtigkeit unterstützt den schnell Abfluß der Ladungen. Mit dem elektrisch geladenen

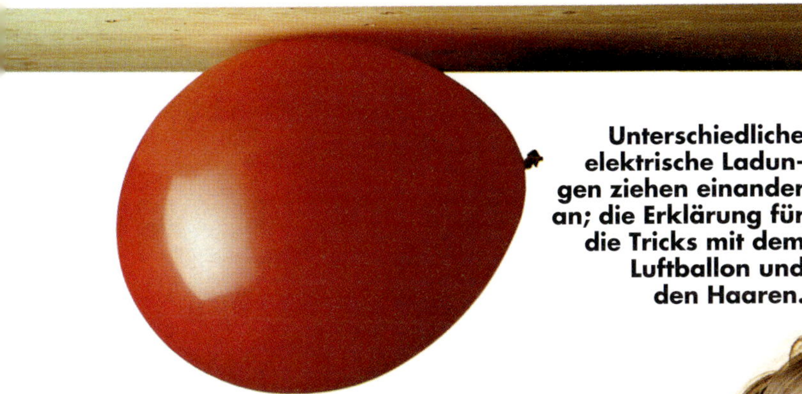

Unterschiedliche elektrische Ladungen ziehen einander an; die Erklärung für die Tricks mit dem Luftballon und den Haaren.

Luftballon kann man auch frisch gewaschene, trockene Haare anheben. Auch hier gilt die gleiche Erklärung wie beim »Deckentrick«. Bekannt ist sicher die Beobachtung, daß frisch gewaschene und gefönte Haare beim Kämmen zu »Berge« stehen können. Durch das Gleiten des Kammes durch das Haar gelangen wiederum elektrische Ladungen auf den Kamm. Nach der Trennung ziehen sich die unterschiedlichen elektrischen Ladungen

an, und das leichte Haar strebt zum Kamm.
Mit dem »Reibetrick« kann man auch zwei Gegenstände gleichartig aufladen. Zunächst wird ein Luftballon auf dem Teppichboden gerieben und mit einem Faden und Klebeband am Tisch befestigt. Dann macht man dasselbe mit einem zweiten Luftballon. Bringt man die beiden Ballons zusammen, so bewegen sie sich voneinander weg. Wird der zweite Ballon neben dem ersten befestigt, so streben beide auseinander. Ein Versuch, um zu zeigen, daß gleiche elektrische Ladungen einander abstoßen.

Häufig erlebt man ungewollt, wozu die Reibungselektrizität fähig ist. Wenn Sie mit Schuhen über einen Teppichboden schlurfen und dann z. B. eine Türklinke anfassen wollen, so bekommen Sie einen »elektrischen Schlag«. Ein Funken springt zur Türklinke über, und Sie spüren kurzzeitig einen Schmerz wie von einem Nadelstich. Während des Gehens über den Teppichboden haben Sie elektrische

Beim elektrischen Schlag neutralisieren sich die überschüssigen elektrischen Ladungen.

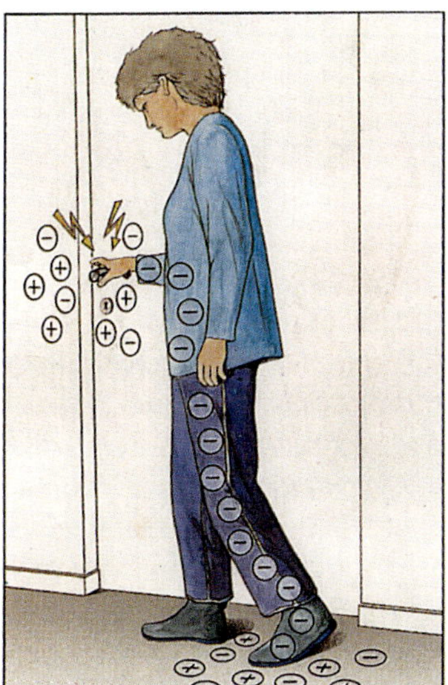

Ladungen angesammelt. Die Schuhsohlen isolieren und hindern die Ladungen daran, schnell abzufließen. Die aufgesammelten Elektronen wollen sich wieder neutralisieren und nutzen dazu die erstbeste Gelegenheit. Kurz vor dem Berühren der Türklinke oder einer anderen Person suchen sie sich ihren Weg durch die Luft, um den erstrebten Ladungsausgleich zu erreichen. Dabei stoßen sie mit den Teilchen der Luft zusammen und bringen sie zum Leuchten. Im Dunkeln sind diese kleinen Blitze gut zu erkennen. Auch die Urerfahrung des Menschen mit der Elektrizität bei einem Gewitter wird durch Trennung von elektrischen Ladungen hervorgerufen – im großen Maßstab allerdings. Wenn die Sonne das Land erwärmt, so steigen mit der warmen Luft und den Wasserteilchen auch elektrische Ladungen nach oben. In den kühleren Höhen kondensiert das Wasser zu Wolken, in denen sich auch die elektrischen Ladungen konzentriert haben. Alles in der Natur ist auf Ausgleich angelegt – und so wollen auch diese elektrischen Ladungen wieder in eine elektrisch neutrale Lage gelangen – sie suchen den Weg zur für sie positiv geladenen Erdoberfläche. Das gelingt wiederum nur durch die Luft, so daß beim Zurückfließen Zusammenstöße mit den Luftteilchen nicht zu vermeiden sind. Dadurch leuchten die Luftteilchen auf, und der zickzackförmige Weg der Elektronen zurück zur Erde ist gut zu verfolgen.

Dieser Plexiglasklotz wurde in einem Beschleuniger mit Elektronen beschossen und steckte voller elektrischer Ladungen. Dann hat man diesen Klotz angebohrt. Bei einer bestimmten Tiefe sind die Elektronen blitzartig abgeflossen. Die Verästelungen zeigen, wie die elektrischen Ladungen ihren Weg durch das Material gefunden haben. Dabei entstand Wärme, die das Plexiglas an dieser Stelle veränderte. Daß Luftströmungen elektrische Ladungen mit sich davontragen, erfährt auch jeder Autofahrer. Nach einer Fahrt bei trockenem Wetter kann man beim Aussteigen oft einen elektrischen Schlag bekommen. Der Fahrtwind hat elektrische Ladungen vom Auto »abgerieben« und es dadurch elektrisch aufgeladen. Die Gummireifen isolieren das Fahrzeug und hindern die elektrischen Ladungen des Bodens daran, auf das Auto zu fließen und alles wieder elektrisch zu neutralisieren. Nach dem Aussteigen wird der Fahrer dann zur schnell Verbindung für die elektrischen Ladungen, die dann »mit einem Schlag« über die Hand des Fahrers auf das Auto fließen – mit dem damit verbundenen »Schreckschmerz«.

In der Technik können solche Ladungstrennungen zu Problemen führen. Beim Verladen von Mehl, Pulver oder anderen kleinen Teilchen werden Metallrohre benutzt, die die Substanzen in die vorgesehenen Laderäume leiten. Beim Durchströmen der Rohre tragen die Materialien auch elektrisch geladene Teilchen mit sich davon. Die Metallröhre wird durch diese unerwünschte Reibungselektrizität aufgeladen und der Ladungsausgleich erfolgt irgendwann durch die Luft mit einem Blitz. Nun wäre das nicht weiter schlimm, wenn ein solcher Blitz nicht auch etwas entzünden könnte. Für das Schiff oder andere kompakte Teile birgt die Temperatur eines solchen Blitzes keine Gefahr. Aber durch das Verladen von Mehl z. B. schweben winzig kleine Mehlteilchen im Laderaum, und die können von dem elektrostatischen Blitz entzündet werden. Es kommt zu den gefürchteten Staubexplosionen. Um das zu verhindern, werden die Metallrohre mit Drähten verbunden – geerdet. Die elektrischen Ladungen können sich so während des Herausströmens des Materials immer wieder ausgleichen, so daß die »Blitzgefahr« gebannt ist. Viele werden nicht glauben, daß Mehlstaub explodieren oder verpuffen kann. Wenn ein Löffel mit Mehl in eine Kerzenflamme gehalten wird, so beginnt das Mehl nicht zu brennen. Wenn Sie jedoch etwas Mehl in die Kerzenflamme blasen, so sehen Sie, daß der feine Mehlstaub blitzschnell verbrennt. Für die Verbrennung ist der

Bei einem Blitz leuchten Luftteilchen durch den Zusammenstoß mit Elektronen auf.

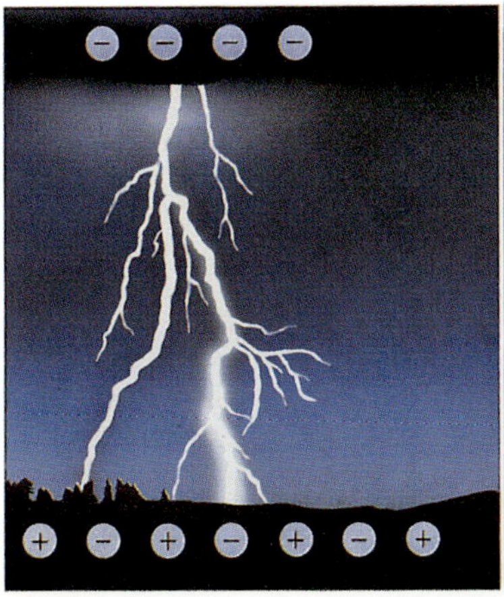

Bohrt man einen mit Elektronen aufgeladenen Plexiglasklotz an, so fließt die Ladung blitzartig ab.

Luftsauerstoff notwendig. Das Mehl in kompakter Form auf dem Löffel ist nicht ausreichend mit Sauerstoff durchmischt und deshalb beginnt höchstens die Oberfläche in der Flamme zu verkohlen. Als feines Staubteilchen jedoch ist das Mehl von viel Sauerstoff umgeben. Mit Hilfe der Hitze der Kerzenflamme kann also die chemische Reaktion des Verbrennens ablaufen. Bei vielen Mehlteilchen in der Luft kommt es dann zu einer Kettenreaktion – zu einer Verpuffung. Durch die plötzliche Erwärmung dehnt sich die Luft rasch aus, und die dabei frei werdenden Kräfte können

Staubexplosionen werden häufig durch einen elektrischen Ladungsausgleich verursacht.

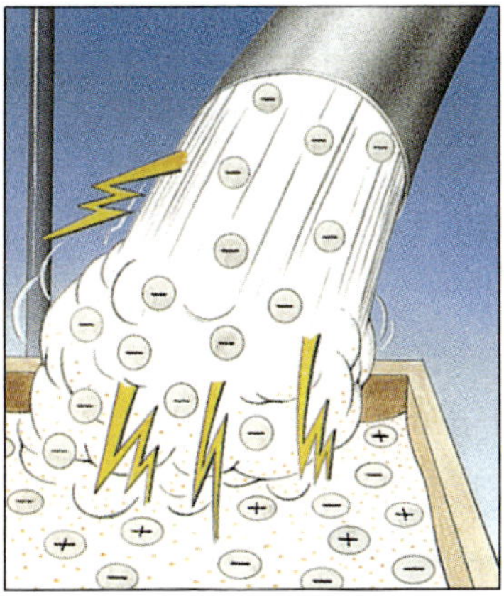

z. B. Mühlen in Schutt und Asche legen – wie z. B. vor einigen Jahren in Bremen geschehen.

Genauso ereignen sich auch die gefürchteten Kohlenstaubexplosionen in Bergwerksstollen. Feiner Kohlenstaub, der in der Luft schwebt, kann plötzlich gezündet werden und das Bergwerk in die Luft sprengen. Überraschend ist, daß diese Explosionsgefahr bei fast allen feinen Stäuben vorhanden ist. Sie müssen nur die Gelegenheit bekommen, sich schnell mit dem Sauerstoff der Luft zu verbinden.

WASSER MIT HAUT

Noch vor einigen Jahrzehnten war es vielen Menschen vertraut, Leinenbezüge für Kissen aufzublasen. Heute gilt das als erstaunliches Experiment; denn die Luft strömt ja durch die Löcher des gewebten Leinens sofort wieder nach außen. Aber dieses Experiment funktioniert tatsächlich, allerdings muß man den Bezug aus Leinen dazu naß machen. Wird dann in den Stoff hineingeblasen, so hält er auf wundersame Weise die Luft.

Warum noch vor einigen Jahrzehnten dieser Trick so vielen Menschen vertraut war, liegt daran, daß man aus dünnem Leinen Schwimmkissen hergestellt hat, die je nach Bedarf in feuchtem Zustand aufgeblasen wurden. Jeder Schwimmanfänger hat mit Freude nach dieser Schwimmhilfe gegriffen – heute gibt es dafür viele andere Mittel.

Der Leinenstoff hält nur die Luft, wenn er naß ist – beim Schwimmen ist das ja leicht zu bewerkstelligen. Schaut man sich das nasse Gewebe genauer an – z. B. unter einer Lupe –, so sieht man auch, warum die Feuchtig-

keit eine Voraussetzung für die Luftundurchlässigkeit des Kissens ist: Das Wasser verbindet mit einer dünnen Haut die Lücken zwischen den Fäden des Gewebes. Man kann an einer beliebigen Stelle den Bezug aufblasen. Der Druck der hineingeblasenen Luft reißt die Wasserhaut für den Moment des Blasens auf. Sie schließt sofort wieder die Lücken zwischen dem Gewebe, wenn mit dem Blasen aufgehört wird. Ein einfaches Ventil also – und das an jeder beliebigen Stelle des Kissens.
Wie gut Wasser undichte Stellen »verklebt«, zeigt das Experi-

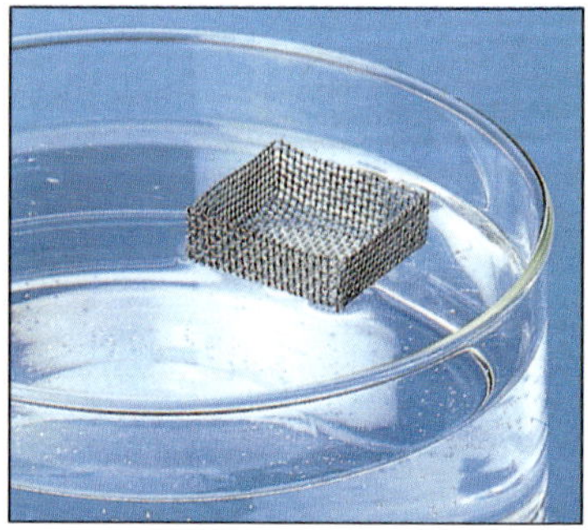

Weil Wasser eine »Haut« hat, versinkt der Drahtkasten nicht.

ment mit dem Kaffeesieb. Es ist ratsam, das Sieb vorher in Wachs zu tauchen. Die Poren des Siebes sind danach noch offen. Läßt man in das Sieb nun vorsichtig etwas Wasser rinnen, so wird es darin gehalten. Das Wasser selbst »verklebt« die Poren des Siebes. Mit demselben Trick kann man einen Kasten aus feinmaschigem Draht auf Wasser schwimmen lassen. Er verschließt die Löcher im Drahtgeflecht, und der Hohlraum aus Draht ist so schwimmfähig.

Auch der Trick mit der Flasche und einem Stück Gaze oder

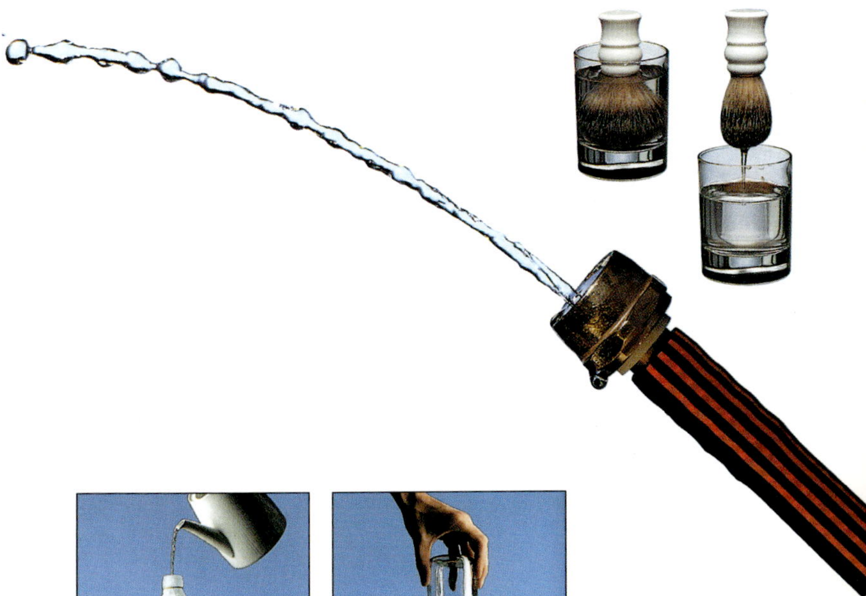

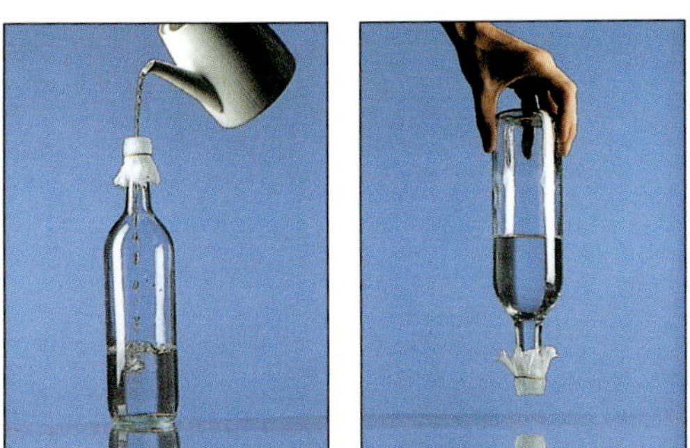

Die Wasserhaut »verklebt« die Poren des Gazestreifens.

Ein Wassertropfen will sich immer zu einer Kugel zusammenziehen.

Verbandsmull ist recht eindrucksvoll. Der Stoff wird über die Flaschenöffnung gespannt und mit einem Gummi festgemacht. Es ist nun einfach, Wasser durch den Stoff einzufüllen, weil er ja viele winzige Öffnungen besitzt. Ist die Flasche voll, so kann man sie getrost auf den Kopf drehen – das Wasser läuft nicht heraus, denn seine Haut verschließt die Öffnungen des Stoffes. Ein Zelt ist ja aus demselben Grund wasserfest. Berührt man allerdings den Stoff, so dringt das Wasser sehr schnell durch den Stoff – die Wasserhaut wird als Folge der Berührung durch das Gewebe gezogen. Warum Wasser eine Haut bildet, liegt daran, daß die Teilchen sich untereinander sehr stark anziehen. Beobachten kann man diese Kräfte bei Wassertropfen. Das Wasser zieht sich zu einer Kugel zusammen, wenn es z. B. aus einem Wasserhahn tropft. Wenn Wasser aus einem Wasserschlauch durch die Luft geschleudert wird, so passiert das immer in Portionen – viele Wasserteilchen klammern sich aneinander. Diese Tropfenbildung ist gut auf flüssigem Kerzenwachs zu sehen. Von einer brennenden Kerze läßt man dazu das Wachs in eine flache Schüssel laufen. Wird jetzt etwas Wasser auf das Wachs gespritzt, so »laufen« die Wassertropfen nahezu kugelförmig über das flüssige Wachs. Die Anziehungskräfte der Wasserteilchen untereinander sind stärker als die Verbindungskräfte mit der Unterlage – dem Wachs. Auch ein Mal-

pinsel demonstriert den Zusammenhalt der Wasserteilchen. Im Wasser streben die Haare des Pinsels auseinander – wird er aus dem Wasser herausgehoben, so »kleben« die Haare dicht zusammen. Die Wasserteilchen halten fest zusammen – die Pinselhaare zeigen diese Kräfte.
Selbstverständlich kann man diesen Zusammenhalt des Wassers auch ausnutzen. Saugt man

Miteinander verbundene Teilchen zeigen Erstaunliches.

mit einem Schlauch etwas Wasser an und läßt dann den mit Wasser gefüllten Schlauch aus einem Gefäß heraushängen, so strömt nicht nur das Wasser aus dem Schlauch nach unten, sondern das Gefäß leert sich mit diesem Trick vollständig. Das nach unten fallende Wasser aus dem Schlauch zieht die anderen Teilchen aus dem Gefäß mit sich – weil eben der Zusammenhalt der Wasserteilchen untereinander so stark ist. Diesen

Trick benutzen manchmal Kraftfahrer, die aus ihrem Tank Benzin abfüllen, um einem anderen Autofahrer, dem das Benzin ausgegangen ist, zu helfen. Aber Vorsicht – Benzindämpfe sind giftig.

Die Folgen eines starken Zusammenhaltes kann man auch mit einer Kette demonstrieren. Über einer Laufrolle hängt nur ein kleines Stück der Kette. Stößt man das Laufrad kurz an, so wird jedoch die ganze Kette nachgezogen.

Auch ein WC und andere Abflüsse funktionieren mit dieser Saugwirkung, hervorgerufen durch den Zusammenhalt der Teilchen. Wird die Spülung gezogen, so gelangt das Wasser mit dem Abfall in ein U-förmig gebogenes Abflußrohr. Die Röhre läuft wegen der Wasserzufuhr über und zieht dabei das Wasser und den Abfall mit sich. Das nachfließende Wasser füllt das U-Rohr wieder. Damit hat man auf elegante Weise auch einen Abschluß zu dem Kanalrohr geschaffen, aus dem ja giftige Dämpfe aufsteigen können.

Diesen Zusammenhalt der Wasserteilchen kann man selbstverständlich auch stören, z. B. mit Seife oder anderen Tensiden (oberflächenentspannende Mittel). Zunächst gießt man etwas Speiseöl auf Wasser. Das Öl

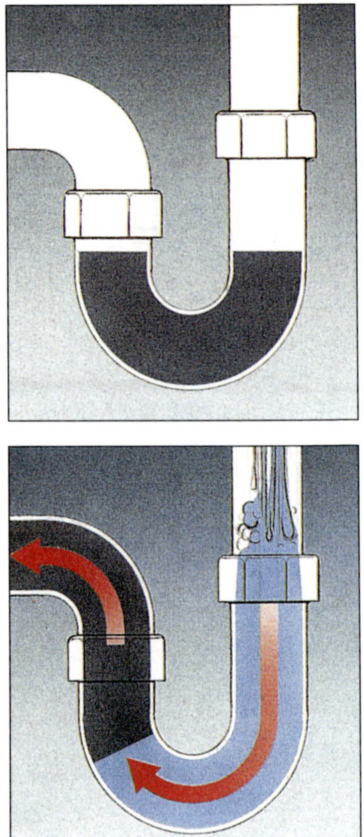

Das Wasser im Abflußrohr »zieht« beim Spülen den Abfall aus dem U-Rohr.

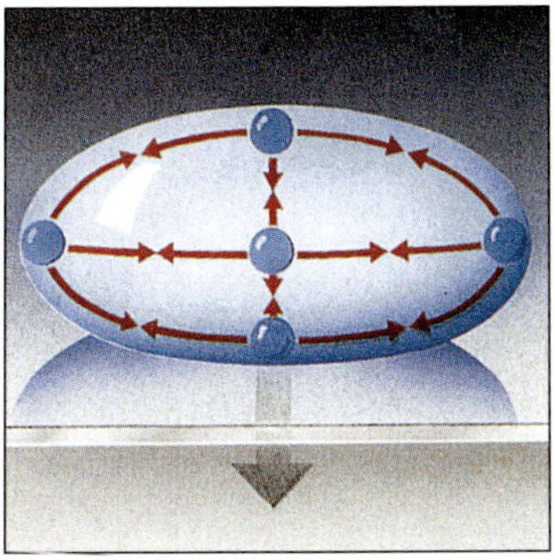

Die gegenseitige Anziehung der Teilchen zwingt das Wasser in Kugelform.

schwimmt, und nach einiger Zeit bildet sich eine scharfe Trennlinie aus. Aber schon einige Tropfen eines Spülmittels verändern die Situation. Wird es mit dem Wasser und dem Öl verrührt, so zeigt sich, daß die Trennlinie zwischen beiden aufgebrochen ist. Der Grenzbereich ist recht unregelmäßig, und es haben sich sogar einige Öltropfen gebildet, die in die Wasserschicht eingedrungen sind. Der Zusammenhalt der Wasserteilchen ist durch das Spülmittel geschwächt. Die Seifenteile drängen sich zwischen die Wasserteilchen und vermindern dadurch die »Klebekräfte« des Wassers. Schon ein kleiner Tropfen eines Spülmittels besitzt eine große Wirkung auf das Wasser. Deshalb versinkt der schwimmende Drahtkasten sofort bei Zugabe einer kleinen Menge eines Tensides. Beim Produzieren von Seifenblasen ist diese Wirkung der Tenside besonders hilfreich. Die Was-

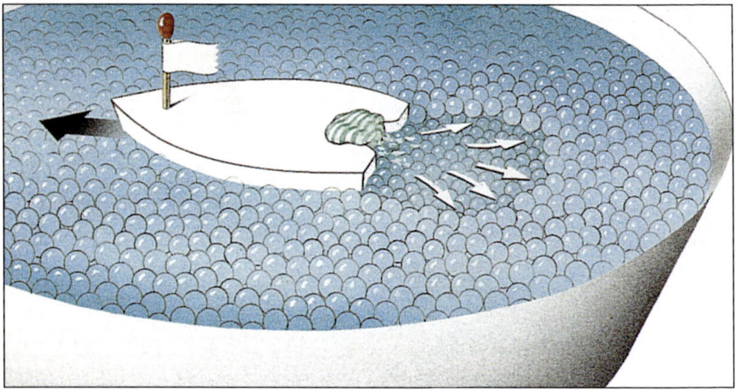

serteilchen werden durch die Seifenmoleküle in ihrem Zusammenhang geschwächt, und die Wasseroberfläche läßt sich jetzt besser zu dünnen Schichten oder Blasen auseinanderziehen.
Mit Tensiden kann man auch einen besonders pfiffigen Antrieb für ein Schiff herstellen, für das sich Balsaholz oder Styropor am besten eignet. Am Ende des phantasievoll geformten Schiffes wird eine kleine Einbuchtung eingeschnitten. In fast allen Zahnpasten sind Tenside – als oberflächenentspannende Mittel – enthalten. Gibt man eine klei-

Zahnpasta sorgt für den Antrieb dieses selbstgebauten Schiffs.

ne Portion einer Zahnpasta auf das Schiffsende, so kommen die Tenside in Kontakt mit dem Wasser – das Schiff bewegt sich geheimnisvoll nach vorn. Die Erklärung für diesen Antrieb ist leicht zu geben. Das entspannende Tensid schwächt örtlich begrenzt den Zusammenhalt der Wasserteilchen. In der Umgebung halten sich jedoch die Wasserteilchen noch stark fest und ziehen sich zusammen. Deshalb reißt die Wasserhaut an der durch die Tensidteilchen geschwächten Stelle auf. Das leichte Schiff wird dabei mitgerissen. Will man dieses Experiment wiederholen, so muß man das Wasser erneuern. Denn durch die restlichen Tenside ist die Oberflächenspannung des Wassers herabgesetzt, so daß sich durch das neu hinzugekommene Tensid kein Unterschied mehr erzeugen läßt. Das Gefäß muß für einen neuen Versuch sorgfältig gespült werden – am besten mit Spiritus, damit die Schiffsfahrt wieder gelingt. Schon kleinste Reste des Spülmittels lassen das Experiment scheitern.

Wie die Wasseroberfläche auseinanderreißt, ist gut mit einer Wollfadenschlaufe zu beobachten, die auf der Wasseroberfläche schwimmt. Gibt man in die unregelmäßig geformte Schlaufe einen tropfen Spülmittel, so wird die Schlaufe plötz-

Die unregelmäßig geformte Schlaufe wird durch Spülmittel kreisrund.

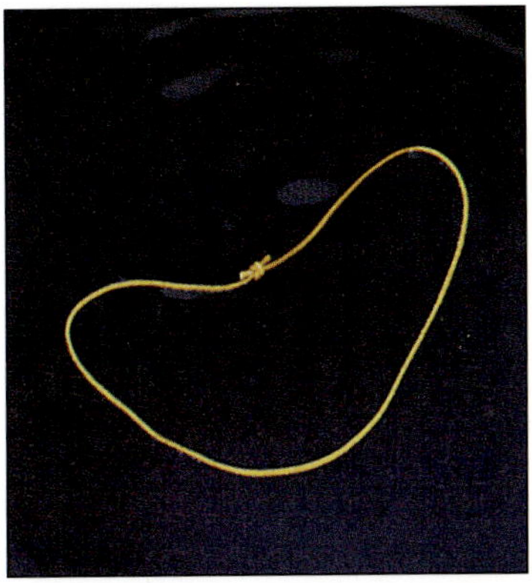

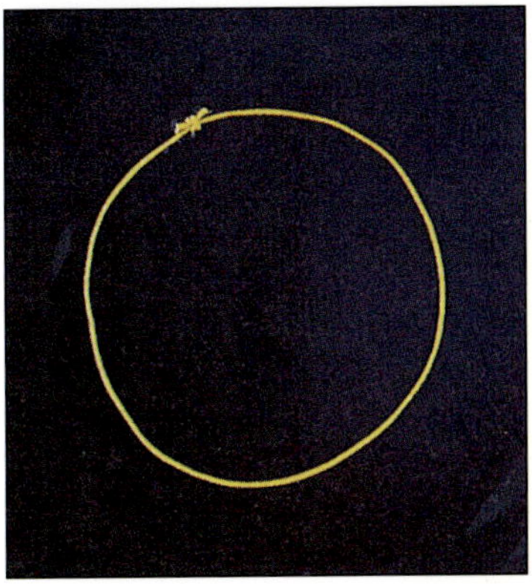

lich kreisrund. Die Wasserhaut wird durch das Tensid aufgebrochen und zieht den Faden zu dieser perfekten Kreisform.
Wenn sich durch Tenside die Eigenschaft des Wassers so dramatisch ändert, so hat das sicher auch Auswirkungen auf das Leben in der Natur. Z. B. nutzen Wasserläufer die Haut – den Zusammenhalt – des Wassers, um sich fortzubewegen. Auch Enten bauen beim Schwimmen auf die Wasserhaut. Sie umschließt die Öffnungen des Federkleids – ähnlich wie bei unserem Schwimmkissen aus Leinen –, so daß die Ente von einem Luftpolster umgeben ist und deshalb schwimmen kann. Schwächen Tenside den Zusammenhalt der Was-

Mückenlarven hängen sich zum Atmen an die »Wasserhaut«.

serteilchen, so versinken die Wasserläufer, und auch die Enten können im Extremfall ertrinken.

Mückenlarven atmen während ihrer Entwicklungsphase im Wasser Luft. Dazu tauchen sie mit ihrem Hinterteil aus dem Wasser auf und hängen sich zum Atmen an die Wasserhaut. Das funktioniert nur, wenn die Oberflächenspannung des Wassers ausreichend groß ist. Weitaus stärker sind die Veränderungen der Lebensbedingungen für die Kleinstlebewesen im Wasser. Wichtig ist der kontrollierte Transport von Substanzen durch Zellmembrane. Durch die Tenside wird dieser Mechanismus gestört. Tenside lagern sich an die Zellmembran, lösen Eiweißmoleküle heraus und verändern dadurch die Durchlässigkeit der Membran. Wir verbrauchen immer mehr Waschmittel, mit denen die Tenside in die Gewässer gelangen. Die Umwelt wird dadurch sehr belastet – das Ökosystem verändert. Eine Gefahr für die Umwelt.

SCHWARZ VERSCHLUCKT ALLES

Vor vielen Jahren waren die Taxis in Deutschland alle schwarz. Heute sind sie, wie man sehen kann, alle weiß. Der Grund für diesen Farbenwechsel liegt in der Verkehrssicherheit – weiße Fahrzeuge erkennt man besser als schwarze, denn Weiß reflektiert das auftreffende Licht – deshalb erscheint eine Fläche auch weiß. Schwarz verschluckt alles Licht – nichts wird mehr zurückgeworfen, das unser Auge registrieren kann – deshalb zeigt sich eine dunkle Fläche. Auch andere Farben sehen wir ja durch die Fähigkeit verschiedener Stoffe, unterschiedliche Lichtanteile zu verschlucken. Weißes Licht besteht hauptsächlich aus den Farben Rot, Grün und Blau. Dazwischen gibt es im Sonnenlicht noch einige Zwischenstufen.

Das weiße Licht kann man mit einem Glas Wasser aufspalten. Das Glas wird auf das Fensterbrett in das Sonnenlicht gestellt, und auf einer weißen Pappe sind dann die einzelnen Farben zu sehen, die zusammengenommen Weiß ergeben. Wenn nun ein Material z. B. Blau und Grün verschluckt, so wird nur das Rot reflektiert – der Gegenstand erscheint uns rot. Andere Farben entstehen durch das Verschlucken anderer Lichtanteile. Aber nicht nur für das Sehen sind die Farben wichtig. Bei Weiß und Schwarz ergibt sich noch ein anderer Vorteil für die weißen Taxis. Weil das Licht von der weißen Fläche reflek-

Hier wird nur »Rot« reflektiert.

tiert wird, erwärmt sich das Auto in der prallen Sonne weniger stark als das schwarze, das ja alles Licht – alle Energie – verschluckt und sich dadurch aufheizt.

Fühlen kann man das z. B. auch bei zwei Fahrrädern mit einem schwarzen und einem weißen Sattel. Läßt man sie einige Zeit in der Sommersonne stehen, so hat sich der schwarze Sattel deutlich stärker erwärmt als der weiße.

Wer das etwas genauer wissen will, kann den Temperaturunterschied auf zwei Metallplatten messen. Die eine wird für dieses Experiment schwarz gestrichen, die andere weiß – reflektiert also das Licht. Zwei gleiche Bürolampen werden direkt über den Platten installiert. Nach einiger Zeit kann man mit einem Autothermometer ablesen, um wieviel stärker sich die schwarze Platte erwärmt hat – außerdem ist dieser Unterschied auch deutlich zu fühlen.

Die unterschiedliche Reaktion einer blanken Metallseite und einer schwarzen Oberfläche ist bei der »Lichtmühle« zu beobachten. Auf einer Nadel sind 4 Windmühlenflügel drehbar aufgesetzt. Die eine Seite jedes Plättchens ist metallisch reflektierend, die andere hingegen schwarz. Dieses Drehkreuz ist in einer fast luftleeren Glaskugel untergebracht. Trifft Licht auf die Mühle, so beginnt sie sich zu drehen. Viele glauben, daß der Druck der Lichtteilchen das Kreuz antreibt. Das ist theoretisch zwar möglich, als Erklärung für diesen Effekt jedoch nicht ausreichend. Bei genauer Beobachtung sieht man, daß sich das Kreuz in Richtung der Metallseite dreht. Das Licht wird auf der schwarzen Seite verschluckt – auf der Metallseite jedoch reflektiert. Die schwarze Seite erwärmt sich und die wenigen Luftmoleküle werden in Wärmebewegung versetzt. Sie prallen auf die schwarze Seite

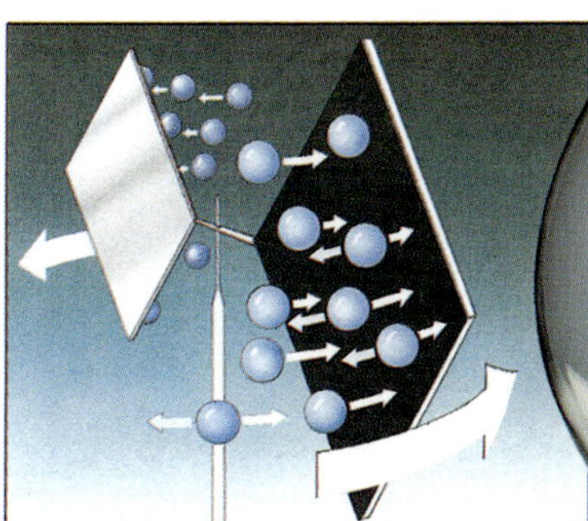

und treiben das Kreuz so nach vorne. Wichtig bei diesem Spielzeug ist das richtige Maß der Evakuierung. Die Luft muß so dünn sein, daß der Widerstand für die Drehung gering ist, jedoch müssen noch so viele Luftmoleküle im Gefäß enthalten sein, daß sie das Rad durch ihren Aufprall nach vorne treiben können.
Die starke Reflexion an blanken Materialien wird bei Thermosflaschen ausgenutzt. Sie sind sogar innen verspiegelt. Auch Wärmestrahlen werden von einer Spiegelwand zurückgeworfen. Deshalb bleibt der Inhalt länger warm. Wenn man eine Pizza zum Mitnehmen kauft, wird sie in einer mit Aluminium-

Die schwarze Platte hat sich stärker erwärmt als die weiße.

Wärmestrahlen in einer Thermoskanne.

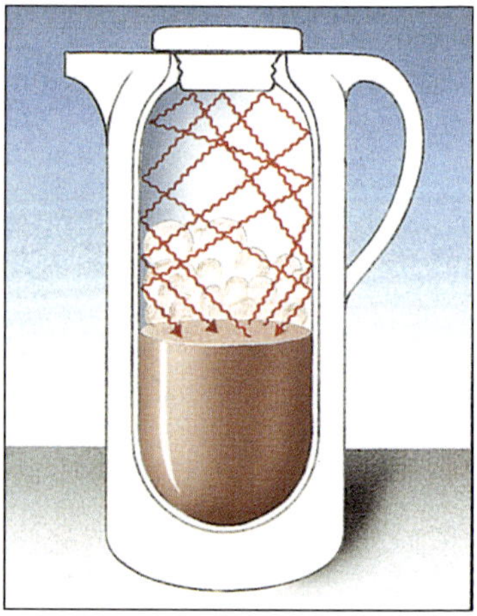

folie ausgekleideten Verpakkung transportiert. Die Hitze wird so länger gehalten, und die Pizza kommt warm zu Hause an.
In heißen Wüstengebieten wissen die Menschen von der Wirkung der weißen und schwarzen Farbe. Sie malen ihre Häuser weiß an, damit sie die Hitze der Sonne reflektieren. Auch tragen sie gerne weiße Kleider. Bei dieser Frage spielt allerdings auch die Mode eine große Rolle. So färben sich die Tuareg ihre Kleider bewußt blau – als Zeichen ihrer Zugehörigkeit zu einem Volk. Ein Beispiel dafür, daß nicht alles nach rein physikalischen Gesichtspunkten entschieden wird.
Die Wirkung der weißen und der schwarzen Farbe ist gut im Frühjahr auf einer Schneefläche zu beobachten. Wird die Schneedecke dünner, so schmilzt der Schnee bevorzugt um herausragende Steine schnell ab. Die Steine sind in den meisten Fällen nicht weiß und absorbieren deshalb einen Teil des Lichtes. Diese Energie wird in Wärme umgewandelt.
Oft genug jedoch will man die Wärmestrahlen nicht reflektieren, sondern sammeln – und dann benutzt man Schwarz. Winterkleidung ist deshalb oft schwarz.
Auch wenn man die Energie der Sonne anderweitig ausnutzen will, wird Schwarz ge-

Weiß gestrichene Häuser reflektieren die Sonnenstrahlen.

wählt. Ein Beispiel dafür sind Sonnenkollektoren, die Wasser erwärmen sollen. Ein Kollektor besteht eigentlich nur aus Metallröhren, durch die Wasser fließt. Die Röhren sind schwarz

Sonnenkollektoren wandeln Licht in Wärme um.

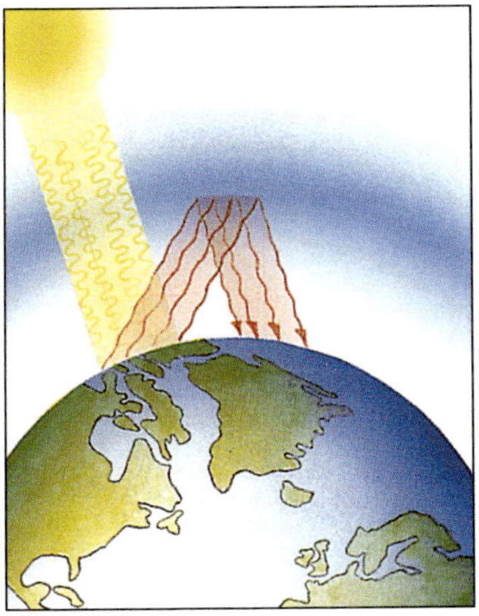

Die Treibhausgase lassen zwar das Sonnenlicht hindurch, blockieren jedoch die vom Boden abgegebenen Wärmestrahlen.

gestrichen, damit möglichst viel Energie der Sonne verschluckt werden kann. Die dabei entstehende Wärme wird an das Wasser weitergegeben. Ein solcher Sonnenkollektor ist häufig mit einer Glasscheibe abgedeckt, und auch damit hat es eine besondere Bewandtnis. Wenn Schwarz so gut das Licht verschluckt, dann muß die Energie des Lichtes ja auch irgendwo bleiben. Das Licht wird in Wärme umgewandelt und die wiederum von dem schwarzen Material abgestrahlt. Diese Wärmestrahlen haben nun einige andere Eigenschaften als die Lichtstrahlen. Sie sind z. B. für unser Auge unsichtbar, und sie werden von Glas nicht durchgelassen, sondern reflektiert. Weil das so ist, kann man ganz einfach ein Treibhaus bauen. Eine in bestimmtem Abstand über dem Boden angebrachte Glasscheibe genügt dafür. Der sichtbare Anteil des Sonnenlichtes durchdringt die Glasscheibe und wird von der dunklen Erde verschluckt. Die Erde erwärmt sich und strahlt die Wärmestrahlen ab. Weil diese das Glas nicht durchdringen können, werden sie im Treibhaus hin und her reflektiert und heizen die dort eingeschlossene Luft auf. Deshalb deckt man auch die Sonnenkollektoren mit Glasscheiben ab. Wie Sie wissen, droht auch der Erde eine Erwärmung durch den »Treibhauseffekt«. Die Rolle der Glasscheibe übernehmen hier verschiedene Gase, vor allem Kohlendioxid, die der Mensch in die Atmosphäre bringt. Diese Gase lassen das sichtbare Sonnenlicht passieren, reflektieren jedoch die von der Erde abgestrahlten Wärmestrahlen. Kann man den Ausstoß dieser Gase nicht deutlich mindern, so droht sich unser Lebensraum auf der Erde zu erwärmen. Die Konsequenzen daraus sind nur schwer abzuschätzen – Vorteile verspricht man sich jedoch nicht davon.

Einen kleinen Treibhauseffekt benutzt auch die Natur. So erstaunlich es klingt: Ein Eisbär besitzt unter seinem weißen Fell eine schwarze Haut. Damit kann der Wärmehaushalt des erwachsenen Eisbären aufgebessert werden. Das weiße Fell des Eisbären besteht aus einzelnen, fast durchsichtigen Haaren, die das Sonnenlicht bis zur schwarzen Haut – zumindest teilweise – durchlassen. Dort wird das Licht verschluckt und in Wärme umgewandelt – eine gute Einrichtung in den kalten, arktischen Regionen. Das von den Haaren gehaltene Luftpolster erwärmt sich dabei und heizt so den Eisbär auf.

Die Natur wurde auch hier von Menschen nachgebaut. Mit einer Isolierschicht aus Glasfasern bedeckt, wird eine schwarze Blechplatte im Sonnenlicht sehr stark erwärmt. Anstelle der Haare kann man durchsichtige Kunststoffröhren benutzen. Auch sie lassen das Sonnenlicht durch – reflektieren allerdings die Wärmestrahlung und halten ein Luftpolster über der Metallplatte, das sich sehr stark erwärmt. Einige Modellhäuser wurden bereits mit dieser Methode gebaut. Eine Verbesserung, wenn es darum geht, passiv die Sonnenenergie auszunutzen.

Eisbären haben unter ihrem weißen Fell eine schwarze Haut. Sie verschluckt das Licht und wandelt es in Wärme um.

SPASS MIT SEIFE

Seifenblasen zu machen ist einfach, aber mit einer Seifenhaut lassen sich nicht nur Kugeln, sondern auch viele andere erstaunliche Formen darstellen. Bei allen Versuchen mit den dünnen Seifenhäuten ist vor allem die Mischung der richtigen Seifenlösung wichtig. Wasser allein reicht für diese Kunststücke nicht aus. Denn die Wasserteilchen »kleben« regelrecht aneinander und lassen sich kaum zu einer dünnen Haut auseinanderziehen.

Dieser Zusammenhalt des Wassers ist leicht zu beobachten, wenn sich Tropfen vom Hahn ablösen. Die Wasserteilchen finden sich zu einem kugelförmigen Gebilde zusammen, bis es so schwer ist, daß es sich löst und herunterfällt. Oder: Regenwasser benetzt nicht etwa ein Blatt, sondern ballt sich in vielen Einzeltropfen auf dem Blatt zusammen. Den Zusammenhalt des Wassers kann man jedoch schwächen – und dabei spielt die Seifenlösung eine Rolle. Um das zu demonstrieren, läßt man etwas Wasser auf Wachspapier fallen. Die Krümmung der Oberfläche des Wassertropfens zeigt, wie stark sich die Wasserteilchen aneinanderklammern. Sie wollen sich zu einer Kugel zusammenballen, schaffen das jedoch nicht ganz, weil wiederum die Schwerkraft – die Anziehungskraft der Erde – die Kugel auseinanderzieht. Übrigens nennt man diese Eigenschaft der Wasserteilchen, sich zusammenzuklammern, Oberflächenspannung. Ein Tröpfchen Seifenlauge oder Spülmittel läßt diesen spannungsvollen Wassertropfen blitzschnell auseinanderlaufen. Das ist leicht zu beweisen, wenn Sie mit einem Streichholz ein Tröpfchen Spülmittel hinzugeben. Berührt das Spülmittel den Wassertropfen, so zerfließt er augenblicklich. Spülmittel »entspannen« das Wasser. In diesem Zustand kann das Wasser die Oberfläche sehr gut benetzen und deshalb auch z. B. die Schmutzteilchen besser wegspülen. Die Seifenteilchen drängen sich zwischen die Wassermoleküle und schwächen deren Möglichkeit des Zusammenhaltes. Jetzt läßt sich auch das Wasser besser auseinanderziehen – und genau das braucht man, um dünne Seifenhäute, z. B. Blasen, zu formen. Ohne die Seifenteilchen überwiegt die

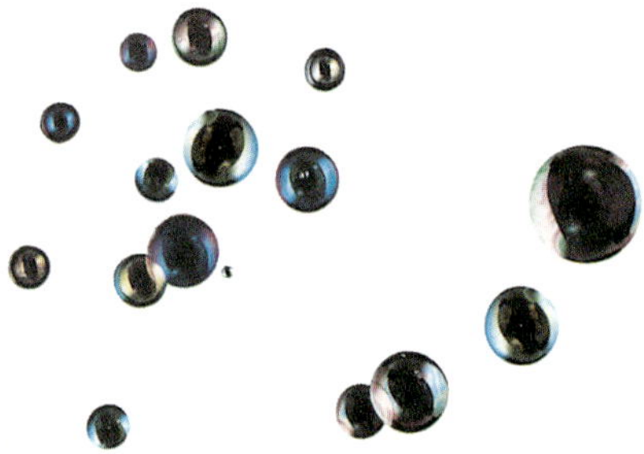

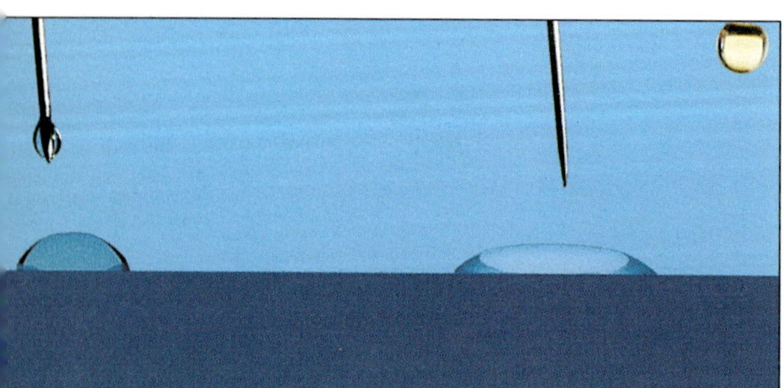

Spülmittel auf einen Wassertropfen gebracht, lassen ihn augenblicklich zerfließen.

 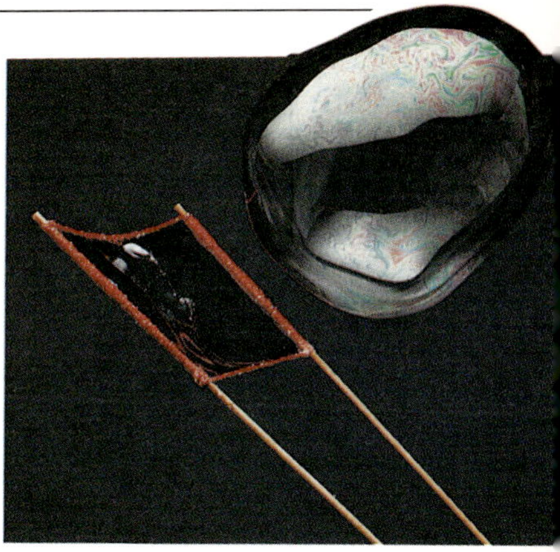

Anziehungskraft der Wasserteilchen untereinander – die Wasserhaut reißt schon bei geringem Zug ab. Zu viele Seifenteilchen schwächen allerdings den Zusammenhalt der Wasserteilchen übermäßig, so daß auch in diesem Fall keine Haut zustande kommt. Für eine gut funktionierende Seifenblasenlösung ist also die richtige Mischung wichtig. Bewährt hat sie die Faustregel: 2 Eßlöffel Spülmittel auf 1 Liter Wasser. Einige Tropfen Glyzerin schützen die Seifenhaut vor dem Austrocknen und machen sie deshalb stabiler.

Mit einer solchen Seifenlösung kann man interessante Spielereien zeigen. Dazu werden zwei Wollfäden um zwei Bleistifte gewickelt. Taucht man die gespannten Wollfäden in die Seifenlösung, so bildet sich zwischen den beiden Fäden eine Seifenhaut. Bewegt man die Bleistifte mit der Haut auf und ab, so beginnt die Seifenhaut zu schwingen. Bei stärkerer Bewegung gelingt es sogar, daß sich eine Seifenblase aus der Haut abschnürt. Je länger man die Fäden und Holzstangen macht, um so eindrucksvoller ist dieser Effekt. Bei diesen Spielereien wird deutlich, daß die Seifenhaut immer noch den Trend hat, sich zusammenzuziehen. Die Seifenteilchen haben die Oberflächenspannung des Wassers nur um etwa ein Drittel herabgesetzt. Denn: hält man die beiden Bleistifte so nebeneinander, daß die Fäden nicht gestrafft sind, so verursacht die verbleibende Spannung in der Seifenhaut das Zusammenziehen der Fäden. Erst eine kleine Gegenkraft auf die Hölzer spannt die Seifenhaut wieder zu einer größeren Fläche auf.

Mit einer speziellen Vorrichtung lassen sich die Blasen einfacher ablösen: Ein Band ist an zwei ineinander verschiebbaren Röhren befestigt. Taucht man die Bandschleife in eine Seifenlösung, so wird sie von einer Seifenhaut überzogen. Durch vorsichtiges Verschieben der Röhren kann man die Fläche der Seifenhaut vergrößern. Dreht man sich dann langsam im Kreise, so wölbt der Luftzug diese Haut aus, und plötzlich schnürt sich eine Riesenseifenblase ab.

Erstaunlich ist es schon, warum die Seifenhaut immer wieder die Kugelform anstrebt. Es wird ja dabei Luft eingeschlossen und so lange von der Seifenhaut zusammengepreßt, bis der entste-

hende Luftdruck dem Zusammenziehen der Wassermoleküle Einhalt zu gebieten vermag. Die Wassermoleküle wollen möglichst dicht nebeneinander liegen und streben deshalb die kleinste mögliche Oberfläche an – und die besitzt bei gleichem Volumen nun einmal die Kugel. Rechnet man sich das einmal genauer aus, so zeigt sich, daß bei gleichem Rauminhalt z. B. ein Würfel etwa 24 Prozent

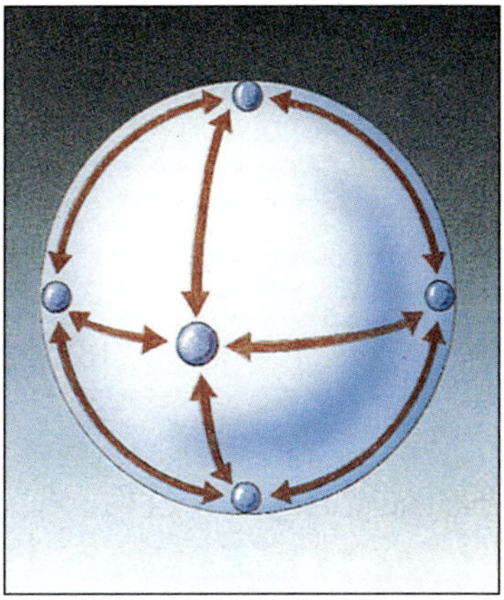

mehr an Oberfläche liefern muß als eine Kugel. Die Kugel ist also die günstigste Form, um die Wasserteilchen so dicht wie möglich zusammenzubringen. Die Wasserteilchen befinden sich in relativ stabilem Gleichgewicht mit dem Luftdruck im Inneren der Seifenblase – unter den gerade vorhandenen Bedingungen können sie sich nicht weiter zusammenziehen; sie haben ihre Energie »minimalisiert«. Die-

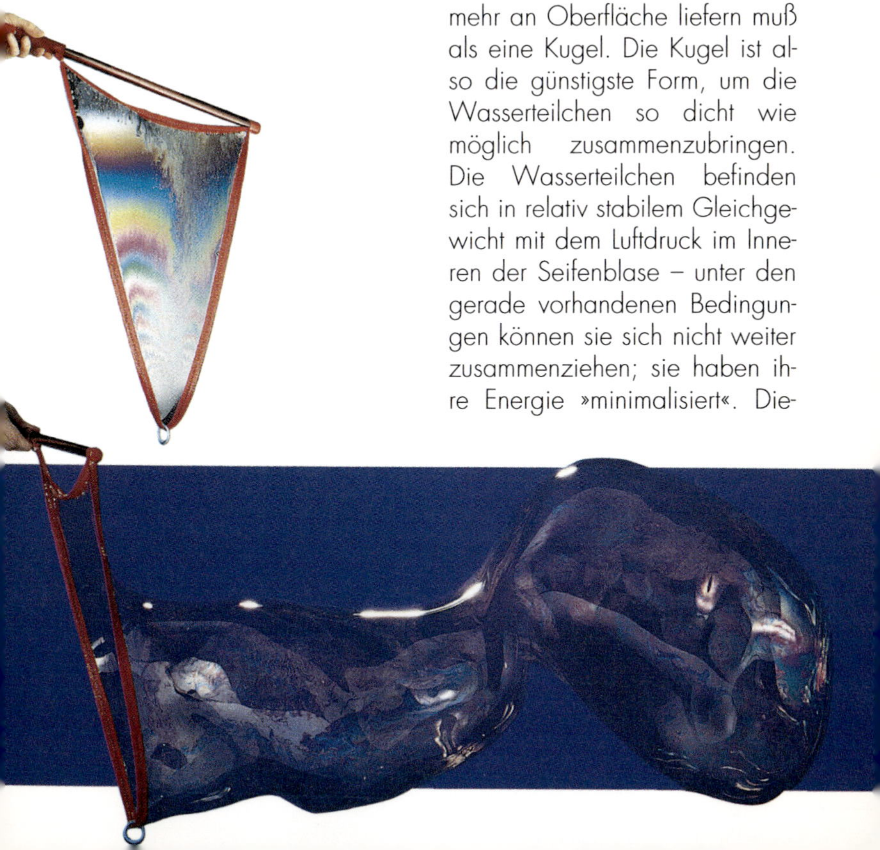

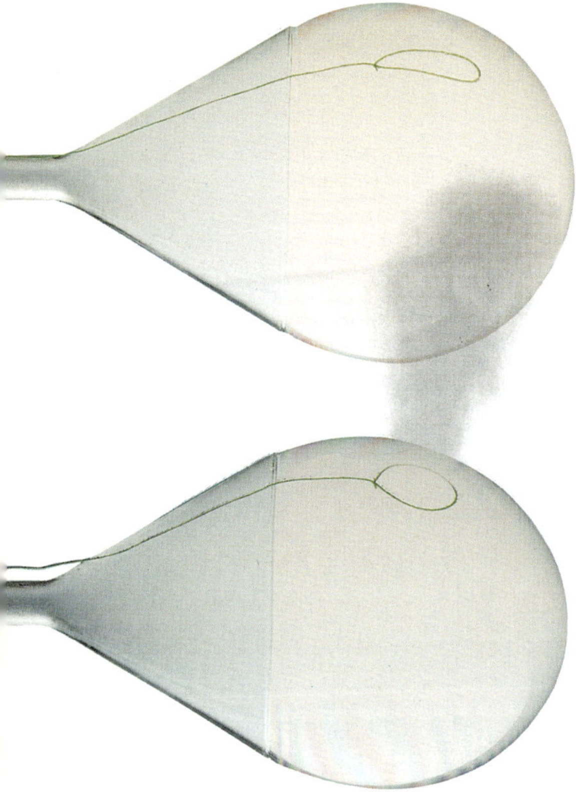

Bläst man eine Seifenblase zusammen mit Zigarettenrauch auf und sticht die Schlaufe anschließend auf, so strömt der Rauch wie aus einem Vulkan nach außen.

Die Schlaufe dehnt sich nach dem Aufstechen kreisrund aus.

ses Zusammenziehen der Seifenhaut zeigt sich auch bei einer anderen Spielerei: Mit einem kleinen Kunststofftrichter lassen sich leicht Seifenblasen herstellen. Die Seifenblase haftet am Trichterrand. Allerdings muß nach dem Aufblasen die Trichteröffnung zugehalten werden, sonst zieht sich die Seifenblase

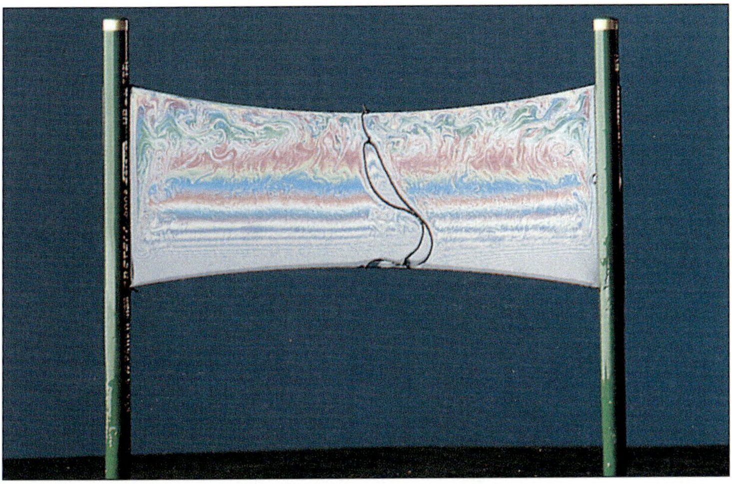

aufgrund ihrer Oberflächenspannung zusammen. Befestigt man einen Trichter an dem Zwirnsfaden, so gelingt es nach einigen Versuchen, den Faden in der aufgeblasenen Seifenhaut schwimmen zu lassen. Dazu muß man ihn nur während des Aufblasens in die Seifenlösung tauchen. Am vorderen Ende des

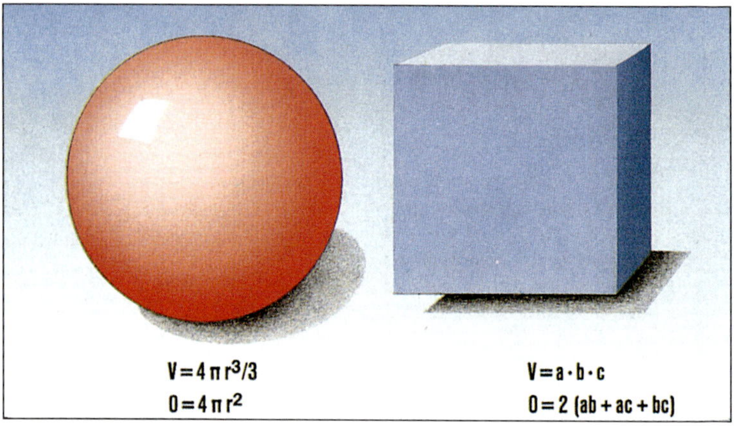

Fadens ist eine kleine Schlaufe geknüpft. Wird nun die Haut innerhalb der Schlaufe durchstochen, so öffnet sie sich zu einem perfekten Kreis. Die intakte Seifenhaut außerhalb der Fadenschlinge versucht sich ja weiterhin zusammenzuziehen. An allen Stellen der Schlaufe wird dazu von außen gezerrt – und das gleichmäßig nach allen Seiten – deshalb entsteht dieser perfekte Kreis. Vorher befand sich die Seifenblasenhaut im Gleichgewicht mit dem Druck der eingeschlossenen Luft. Sie hatte unter den herrschenden äußeren Bedingungen ein Minimum bei der Ausbreitung ihrer Oberfläche erreicht. Durch das Aufstechen haben sich diese Bedingungen geändert – die Seifenblase zieht sich zusammen, bildet aus der Fadenschlaufe den Kreis und endet als Membran über dem Trichter, jedoch mit einem kreisrunden Loch. Bläst man die Seifenblase mit Zigarettenrauch auf, so strömt er nach dem Aufstechen wie aus einem Vulkan nach außen. Das Zusammenziehen der Seifenhaut wird auch an der Konstruktion mit den Wollfäden und den Bleistiften sichtbar. Dazu knotet man den Zwirnsfaden mit der Schlaufe als Querverbindung ein. Sticht man die Schlaufe auf, bildet sie einen Kreis.

Das Zusammenziehen der Seifenblasen läßt sich auch mit dem Kunststoffring zeigen, der bei einigen käuflichen Seifenblasenlösungen zum Aufblasen der Seifenkugeln dient. Fängt man mit diesem Plastikring eine Seifenblase und sticht sie im Kreisinnern auf, so schnurrt der Rest der Seifenblase regelrecht zusammen. Zum größten Spektakel wird mit Hilfe eines Trinkhalms vorher diese Blase mit Zigarettenrauch gefüllt, so daß beim Zusammenziehen der Seifenblase wiederum ein rauchender Vulkan entsteht.

Mit einer Seifenhaut können auch verschiedene Gegenstände überzogen werden. Aus Schweißerdraht lassen sich leicht Würfel- oder Pyramidenformen biegen. An einem Faden befestigt, werden dann diese Figuren in eine Seifenlösung getaucht. Zieht man sie heraus, so sind die erstaunlichen Formen zu beobachten, die die Seifenhaut zwischen dem Drahtgerüst bildet.

Auch hier gilt das Prinzip: Die Seifenhaut zieht sich so lange zusammen, bis sie eine für sich stabile Lage – ein Energieminimum gefunden hat.
Diese automatische Suche nach Stabilititӓt hat schon seit jeher die Architekten fasziniert. Mit Hilfe von Beton und Kunststoff ist es ihnen ja auch in der Praxis möglich, phantastische Gebäudeformen zu entwickeln. Die Berechnungen für ausgefallene Dachformen z. B. sind äußerst schwierig und oft auch unmöglich, was liegt näher, als mit Hilfe von Drahtmodellen und Seifenhäuten die Gebäudeform im Modell »vorzubauen«, die Maße zu nehmen und dann auf die Größe hochzurechnen? Die Seifenhäute zeigen, wo bei vorgegebener Rahmenstruktur die stabile Lage zu erwarten ist. Sie besitzen an jeder Stelle dieselben Zugkräfte, so daß die Belastung über die ganze Seifenhaut gleich verteilt ist. Und das genau erleichtert ja die Konstruktion eines Gebäudes. Diese Seifenhautmodelle sind inzwischen eine gängige Methode in der modernen Architektur. Für das Dach des Münchner Olympiastadions wurden z. B. damit Vorstudien gemacht.

Die Konstruktion des Olympiadaches wurde mit Drahtmodellen und Seifenhaut »vorgebaut«.

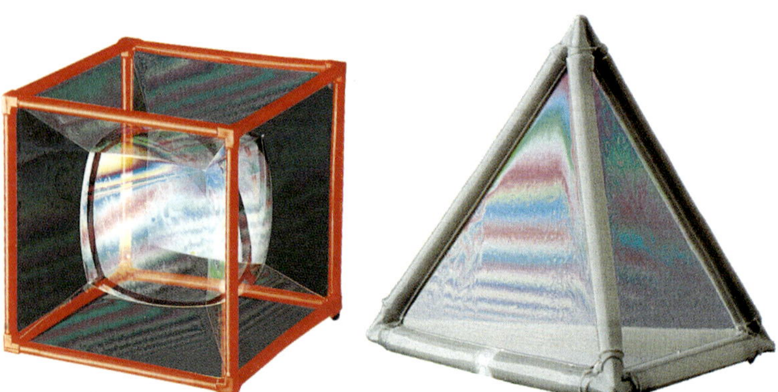

DAS GEHEIMNIS DES FLIEGENS

Fliegen zu können war schon immer ein Traum der Menschheit, und es hat lange gedauert, ehe man hinter den Trick, der das Fliegen ermöglicht, gekommen ist. So einfach zu machen ist diese Entdeckung ja nicht, denn vorbeifliegende Objekte sind nur kurzzeitig zu beobachten und das zudem häufig nur aus großer Entfernung.

Heute ist das Fliegen eigentlich keine große Besonderheit mehr – auch für den Fan ohne das große Geld gibt es viele Möglichkeiten, den Rausch des »durch die Lüfte Gleitens« zu erleben. So unglaublich es auch klingt, selbst beim Fahren über Land offenbart sich das so lange ungelöste Geheimnis des Fliegens.

Wenn Sie dazu die Eisenbahn benutzen, so begegnen Ihnen häufig Züge, die in Gegenrichtung vorbeirauschen. Früher, als die Eisenbahn noch mit wackeligen Fenstern ausgerüstet war, tat es bei dieser Gelegenheit einen kräftigen Schlag. Je höher die Geschwindigkeit der beiden Züge, um so stärker die Wirkung, die mit einem Paukenschlag das ganze Abteil aus dem »Vor-sich-hin-dämmern« riß. Hellwache Beobachter konnten zu ihrem Erstaunen feststellen, daß dabei die lose in der Führung sitzenden Abteilfenster nicht etwa nach innen gedrückt wurden, sondern sich schlagartig nach außen bewegten und dadurch die Insassen aufweckte. Offensichtlich erzeugt die schnell zwischen den beiden Zügen vorbeiströmende Luft einen Unterdruck, der die Fenster nach außen zieht. Bei sehr schnell fahrenden Zügen und eng nebeneinander liegenden Schienen können sich die Eisenbahnwagen sogar aus den Gleisen saugen. Deshalb muß man die Fahrgeschwindigkeiten begrenzen oder die Trassen weiter auseinanderbauen, was für die modernen Hochgeschwindigkeitszüge auch getan wird. Dieser Effekt ist auch leicht mit zwei Papierstreifen zu erreichen – allerdings ohne Knall. Sie werden am oberen Ende um einen Bleistift gewickelt und mit Kleber befestigt. Was passiert, wenn man sie nun parallel nebeneinander hält und

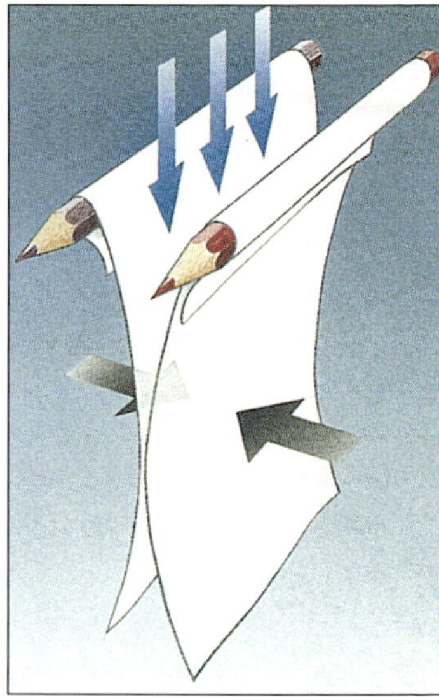

Fahren zwei Züge aneinander vorbei, so erzeugt die im Zwischenraum schnell strömende Luft einen Unterdruck.

zwischen den Streifen hindurchbläst? Gehen beim Blasen die Papierstreifen auseinander oder zusammen? Wer das Beispiel mit der Eisenbahn genau gelesen hat, weiß selbstverständlich die Antwort. Die Streifen bewegen sich aufeinander zu, obwohl man Luft zwischen sie preßt. Wiederum ist hier die Strömungsgeschwindigkeit der Luft entscheidend. Schnellströmende Luft erzeugt offenbar einen Unterdruck. Wie eng diese Feststellung mit dem Fliegen verknüpft ist, zeigt eine leicht abgewandelte Form dieses Experimentes. Hält man einen Bleistift mit dem an ihm befestigten Papier waagerecht und bläst jetzt in horizontaler Richtung über die Fläche, so hebt sich der Streifen in dem Luftstrom und schwebt. Die Luft gleitet durch das Blasen schneller an der Oberseite über das Papier als an der Unterseite.

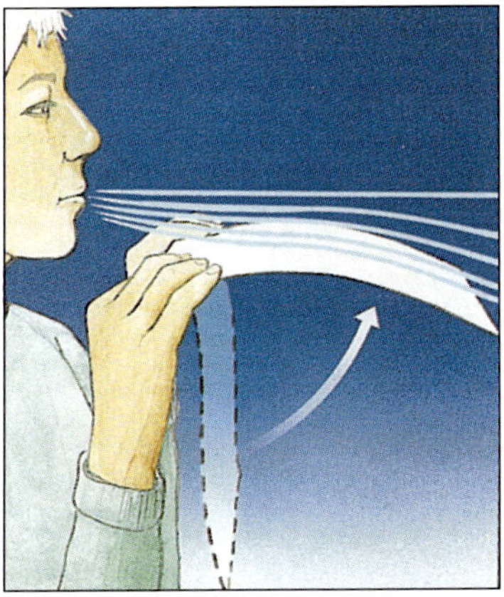

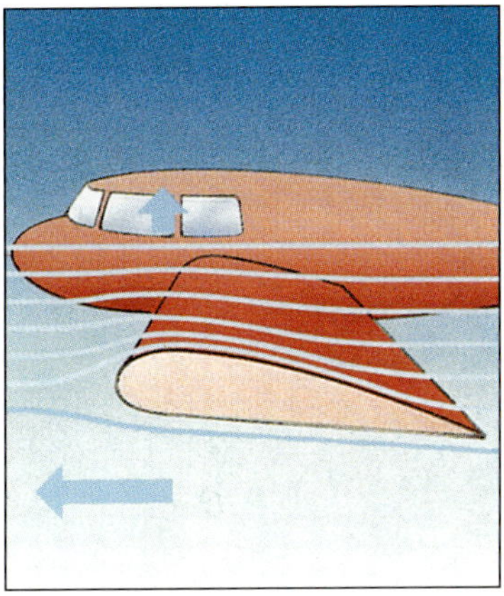

Der Papierstreifen hebt sich im Luftstrom, der schneller an der Oberseite als an der Unterseite entlanggleitet.

So entsteht ein Unterdruck und der höhere Luftdruck im unteren Bereich drückt den Streifen nach oben, oder man kann es auch anders ausdrücken: Der Unterdruck im Bereich der Oberseite saugt das Papier nach oben.

Flugzeugbauer haben diesen Trick etwas verbessert. Sie wölben den Flügel an der Oberseite. Dort muß die Luft schneller vorbeiströmen als an der Unterseite, denn der Weg für die Luftteilchen ist ja durch die Wölbung länger. Die Luft wird im oberen Bereich auseinandergezogen. Ein Unterdruck entsteht, der den Flügel nach oben »saugt«. In der Zeichnung wird die schnelle Luft mit enger liegenden Strömungslinien dargestellt. Übrigens liefert beim Flugzeugflügel auch die Unterseite ihren Anteil beim Fliegen. Etwa 1/3 der Kraft kommt vom unten erzeugten »Staudruck«. Wichtig ist nun, daß das Flugzeug auf Geschwindigkeit kommt, damit die Luft am Flügel vorbeiströmen kann. Dafür sorgen bei Verkehrsflugzeugen z. B. die Düsen.

Segelflugzeuge werden von »Schleppern« auf die entsprechende Geschwindigkeit gebracht. Sind sie erst einmal oben, so helfen ihnen die Gegenwinde zum Aufsteigen, oder sie lassen sich ein Stückchen fallen und gewinnen so an Geschwindigkeit und damit letztendlich Auftrieb. Alles was fliegt, nutzt so die »schnellen Luftströmungen« aus, um in der Luft zu bleiben – ob Vögel, Drachenflieger oder Paragleiter.

Besonders gut ist die gebogene Flügelform bei Vögeln zu beobachten, die z. B. am Berg im Wind »stehen«. Die vorbeiströmende Luft erzeugt oberhalb des gebogenen Flügels einen Unterdruck, der den Vogel in der Luft hält.

Fast ohne Hilfsmittel kann der Mensch beim Skispringen fliegen. Durch seine Körperhaltung erzeugt er – wie beim Flugzeugflügel – einen Unterdruck, indem die Luft schnell über seinen gebogenen Rücken strömt. Über 100 m weit »springt« ein guter Skispringer mit diesem Trick.

Überraschungen mit schnellen Strömungen sind auch im Wasser zu erleben. Fahren zwei Schiffe zu dicht nebeneinander vorbei, so ziehen sie sich, wie

menden Wasser. Schnelle Strömungen verursachen offenbar einen Unterdruck – egal ob es sich um Wasser oder Luft handelt.

von unsichtbarer Hand geschoben, gegenseitig an. Auch hier liegt die Ursache in dem entstehenden Unterdruck, hervorgerufen von dem zwischen den beiden Schiffen schnell vorbeiströ-

Auch in der Luft kann man diesen Effekt des Aufeinanderzustrebens sichtbar machen. Dazu werden zwei Eier ausgeblasen und an zwei Fäden nebeneinander aufgehängt. Bläst man nun

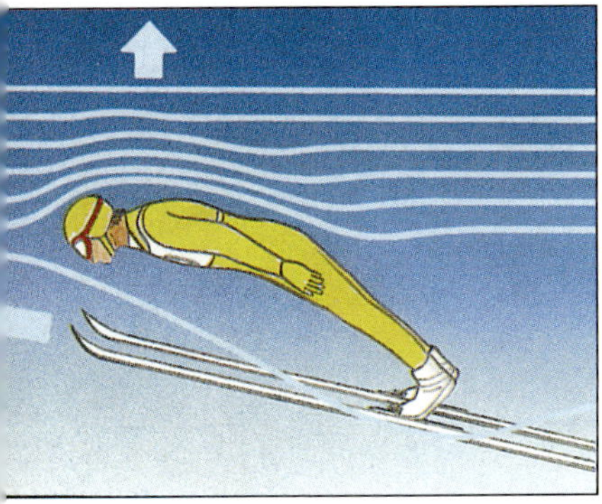

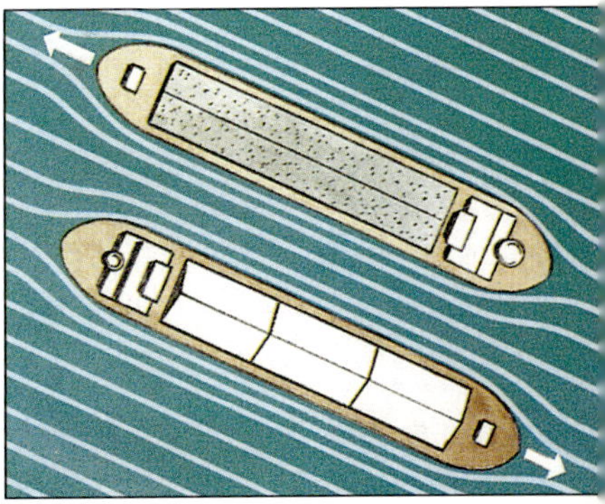

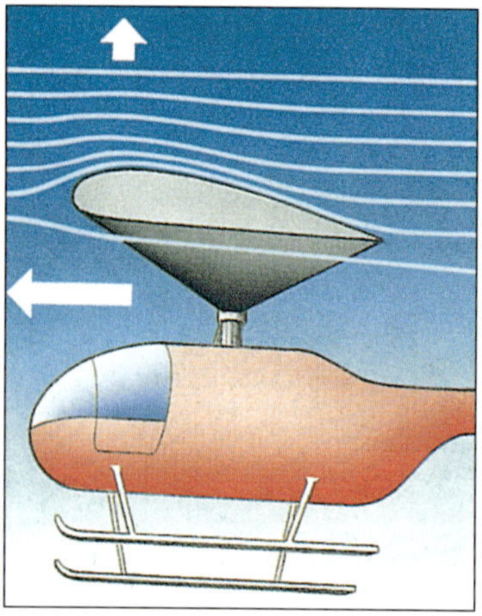

in den Zwischenraum, so bewegen sich die beiden Eier aufeinander zu.

Aber nicht nur zum Schweben kann man den Flügel mit dem Unterdruck ausnutzen, sondern auch zum Vorwärtskommen. Schaut man sich einen Flugzeugpropeller genauer an, so erkennt man im Querschnitt sofort die typische Flügelform. Durch seine Drehung entsteht um den Propeller eine Luftströmung. Die Luft strömt schneller über den gebogenen Teil, und deshalb bildet sich dort ein Unterdruck aus, der Propeller wird nach vorne gezogen, und mit ihm das Flugzeug. Ein Helikopter hebt sogar mit einem solchen Propeller vom Boden ab. Dabei wird der Propeller waagerecht angebracht – der Unterdruck saugt dann den Hubschrauber nach oben, wenn sich der Propeller, der Rotor, dreht. Der Pilot kann den Winkel der Propellerachse verstellen und damit den Hubschrauber nach vorne, zur Seite oder rückwärts fliegen lassen. Den Propellereffekt haben übrigens auch Boots-

Das Boot wird mit einem Propeller angetrieben.

bauer ausgenutzt. In Gegenden mit sehr flachem Wasser und vielen Schlingpflanzen ist eine Schiffsschraube nicht sehr geeignet, sie würde sehr schnell zerbrechen oder von den Pflanzen umwickelt werden. Zum Antrieb wird deshalb ein Propeller auf dem Boot befestigt, der durch den Unterdruck das Boot nach vorne zieht.

Schnelle Luftströmungen können auch für ein Kunststück ausgenutzt werden. Mit einem Trinkhalm ist es möglich, ein Brot- oder Kunststoffkügelchen schweben zu lassen. Dazu benutzt man Trinkhalme mit einem biegbaren Mundstück. Auf die Öffnung wird die Brotkugel gelegt. Bläst man nun vorsichtig in den Halm, so beginnt die Kugel zu schweben. Bemerkenswert ist aber, wie stabil die Kugel im Luftstrom schwebt. Mit dem bei schnellen Strömungen auftretenden Unterdruck ist das leicht zu verstehen. Bewegt sich die Kugel zum Rand des Luftstroms, so strömt innen die Luft schneller vorbei als außen. Dadurch entsteht ein Unterdruck, der die Kugel wieder in die Mitte zieht. Dieses Experiment kann man auch mit einem Haarfön und einem Tischtennisball durchführen. Erstaunlich ist, wenn jemand behauptet, daß sich etwas beim Anblasen gegen den Luftstrom bewegt. Dieses Kunststück kann aber jeder leicht vorführen. Dazu benötigt man eine

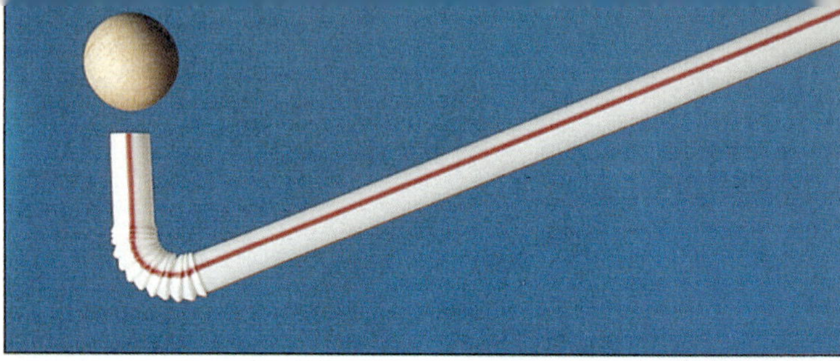

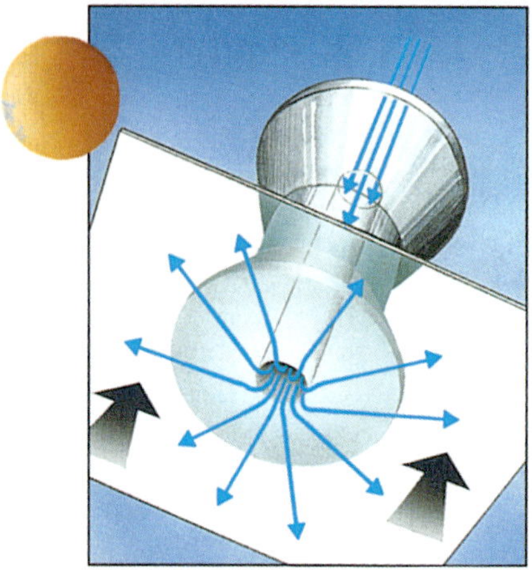

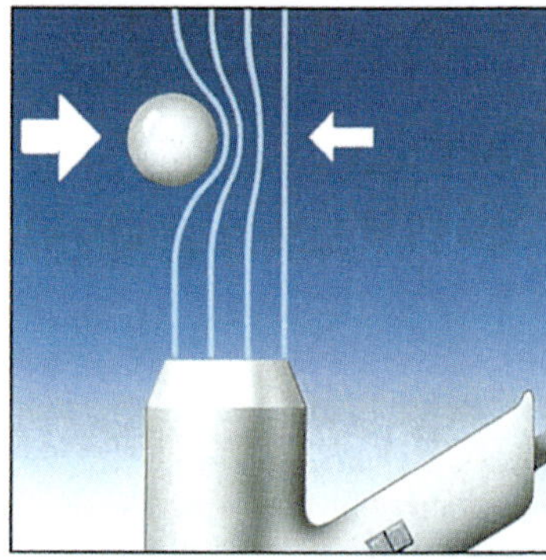

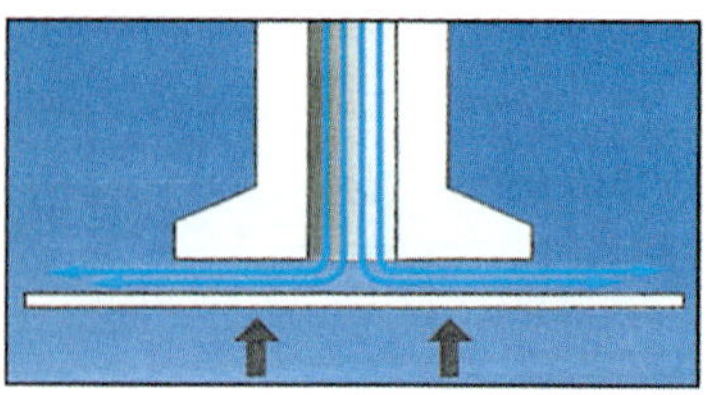

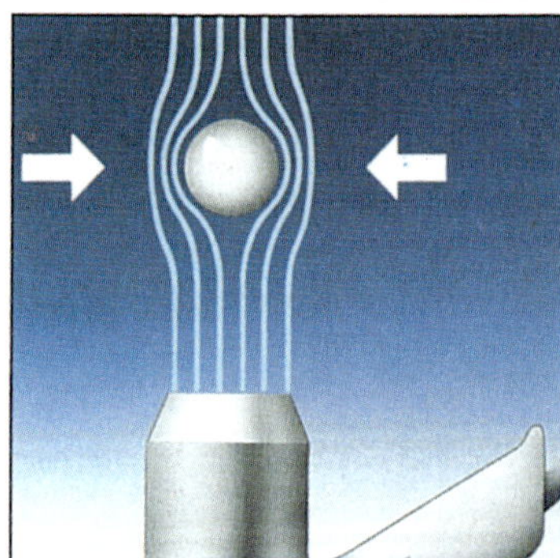

Die Experimente zeigen die Wirkung des Unterdrucks bei Luftströmungen.

dünne Pappe. Die Pappe wird mit einer Stecknadel durchbohrt und in die Öffnung der Garnrolle eingeführt. Bläst man jetzt am entgegengesetzten Ende durch die Garnrolle, so fliegt nicht etwa die Pappe davon, sondern sie wird von dem Luftstrom angesaugt. Auch hier entsteht durch die schnelle Luftströmung ein Unterdruck. Die Luft strömt an den Seiten nach außen, ein leichter Fingerdruck unterstützt diese Tendenz. Ein solch paradoxes Ergebnis können Versuche mit Luftströmungen haben.

LUFT MIT GEWICHT

Wer schon einmal im Wasser getaucht hat, etwa 5-10 m tief, weiß, welche Last man dort unten zu tragen hat. Das Wasser drückt auf unseren Körper und erstaunlich genug: wir können das aushalten. So verwunderlich ist das allerdings nicht, denn auch an Land ertragen wir ständig einen Druck, das Gewicht der Erdatmosphäre – der uns umgebenden Luft – lastet auf uns.

Für einen Betrachter aus dem Weltall leben wir auf dem Grund eines gewaltigen Luftmeeres. Dem Druck von etwa 10 t auf 1 m^2 Körperoberfläche können wir nur widerstehen, weil wir ja in unseren Lungen den gleichen Druck aufbauen, der uns hilft, mit dem starken äußeren Druck im Gleichgewicht zu sein.

Auf uns lastet das Gewicht der Luft.

Ein Gefühl dafür, wie groß dieser Druck wirklich ist, vermittelt dieser Versuch: Ein dünnes Holzbrett wird auf eine Tischkante gelegt, und darüber decken wir

Das Holzbrett zerbricht durch einen kräftigen Schlag; der Luftdruck macht dieses Kunststück möglich.

die Doppelseite einer Zeitung. Wichtig ist, daß die Ränder der Zeitung direkt auf der Tischplatte liegen. Schlägt man jetzt kurz auf das überstehende Ende des Holzbretts, so bewegt sich die Zeitung kaum, das Holzbrett zerbricht jedoch bei einem genügend schnellen und kräftigen Schlag! Das Zeitungsblatt wird von der auf ihm lastenden Luftsäule gehalten und damit dem Holzbrett ein Widerstand entgegengesetzt. Weil der Schlag so schnell erfolgt, gelangt außerdem die volle Kraft erst gar nicht bis zur Zeitung, sondern allein das Brett erfährt die gesamte Wucht des Schlages und zerbricht darunter.

Der Luftdruck hält z. B. auch das Wasser in einem umgestülpten Becherglas, das mit einer Pappe geschlossen ist. Die Luft drückt von allen Seiten – auch von unten. In dem oberen Bereich wird allerdings der Druck von der harten Glaswand abgefangen, so daß es nur darauf ankommt, wie schwer – also wie hoch – die Wassersäule im Glas ist, wenn der Versuch gelingen soll. Auch

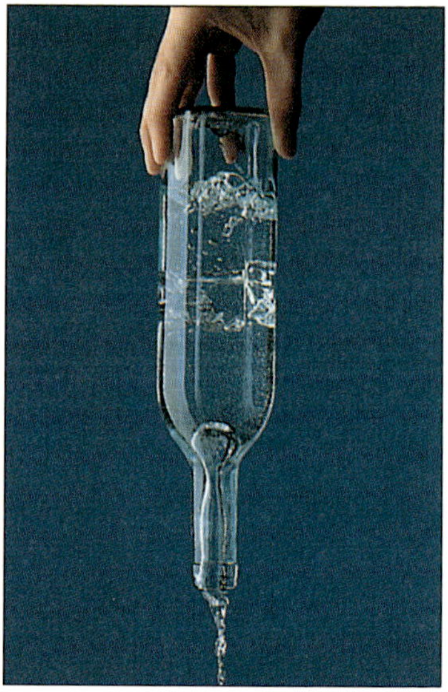

beim Ausleeren einer Flüssigkeit aus einer Flasche spielt der Luftdruck eine Rolle. Kippt man die Flasche einfach um, so gluckert das Wasser etwas lustlos aus der Flasche. Die Luft drückt sich in Blasen in die Flasche und drückt von innen auf die Flüssigkeit, so daß sie langsam ausfließt. Viel schneller läßt sich die Flasche entleeren, wenn man sie kurz so dreht, daß innen ein Flüssigkeitswirbel entsteht, der einen Kanal zum Flaschenboden öffnet. Die Flüssigkeit schießt jetzt regelrecht aus der Flasche heraus. Durch den Kanal kann die Luft zum Flüssigkeitsspiegel am

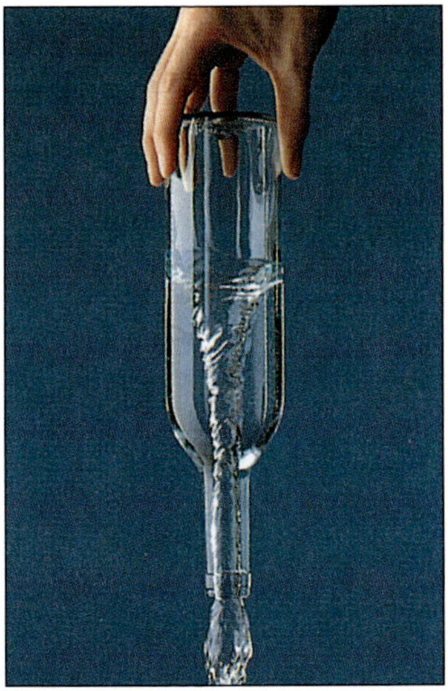

Flaschenboden gelangen und sie aus der Flasche herausdrücken. Ein Tip für hastige Trinker. Eine ähnliche Erfahrung macht man, wenn man Milch aus einer Dose gießen will. Schlägt man nur ein Loch in den Dosendeckel, so tröpfelt die Milch nur heraus. Erst ein zweites Loch läßt die Milch herausfließen. Jetzt kann die Luft durch das eine Loch ihren Druck auf die Flüssigkeit ausüben – durch das andere Loch läuft dann die Flüssigkeit heraus.
Wird ein Hohlraum von der Luft abgeschlossen und aus ihm etwas Luft herausgesaugt, so kann er dadurch nicht mehr den Widerstand gegen die äußere Luftsäule aufbringen und bricht zusammen. Wenn man zwei

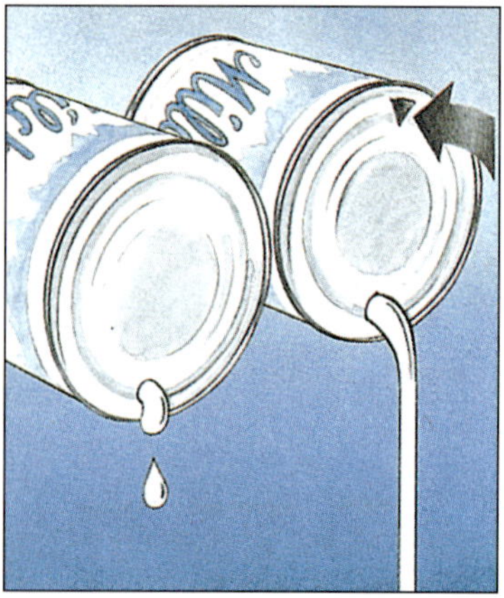

Durch das zweite Loch gleicht sich der Luftdruck aus.

Klostampfer (natürlich ungebraucht) gegeneinander preßt, so entweicht etwas Luft aus dem entstehenden Hohlraum. Die beiden Klostampfer sind jetzt nicht mehr so ohne weiteres voneinander zu trennen. Der äußere Luftdruck quetscht sie zusammen. Diesen Trick hat der Magdeburger Bürgermeister Otto von Guericke 1656 mit zwei Halbkugeln aus Metall vorgeführt. Er saugte die Luft mit einer Pumpe aus der zusammengesetzten Kugel und spannte Pferde davor, um sie auseinanderzureißen. Der äußere Luftdruck war so groß, daß die Tiere die beiden Halbkugeln nicht voneinander trennen konnten. Erst als von Guericke den Druckausgleich über ein Ventil schaffte, fielen die beiden Halbkugeln auseinander. Auch mit unserem Klostampfer können wir etwas von der Stärke des Luftdrucks ahnen. Pressen oder werfen wir ihn gegen eine Glasscheibe, so bleibt er daran haften. Durch den Aufprall entweicht etwas Luft, die jetzt zum Druckausgleich fehlt. Der äußere Luftdruck ist stärker und preßt den Stampfer an die Scheibe.

Unsere Lunge muß gegen diesen starken Luftdruck arbeiten und Luft in die Lungenflügel pumpen. Das tut sie nun mit einem erstaunlichen Trick. In einem Versuch kann man nachahmen, wie die Lunge den Luftdruck überlistet. Dazu durchbohrt man den Deckel eines Marmeladenglases und führt eine Röhre mit einem Luftballon durch die Öffnung. Die Durchbruchstelle wird mit Knetmasse luftdicht abgeschlossen. Mit einem Glasschneider entfernen wir den Boden des Glases und stülpen darüber eine Luftballonhaut. Der Deckel wird auf das Glas geschraubt. Zieht man jetzt an der Gummihaut, so bläst sich der Luftballon im Inneren des Glases auf. Durch das

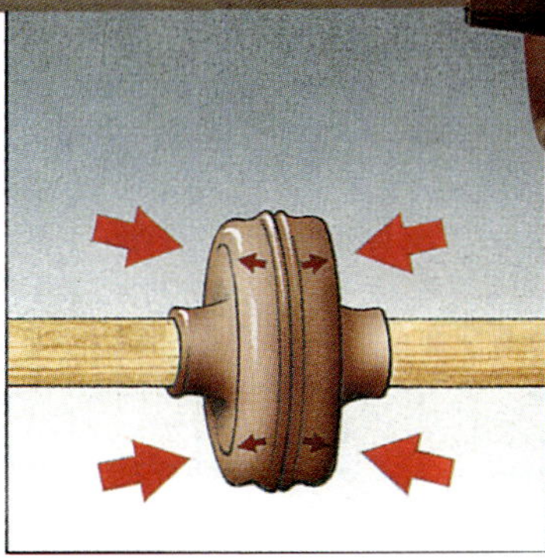

Der äußere Luftdruck quetscht die Klostampfer fest zusammen.

Herausziehen der Haut vergrößert sich das Volumen des Glases – die Luft im Inneren muß einen größeren Raum ausfüllen und verliert deshalb an Druck. Durch die Röhre drückt jetzt die Luft von außen nach innen und »bläst« den Luftballon auf. Läßt man die Gummihaut los, so normalisiert sich der Luftdruck im Glas wieder, und die Luft wird in diesem Gleichgewichtszustand aus dem Luftballon herausgepreßt. Und genauso arbeitet unsere Lunge. Beim Atmen vergrößern wir unseren Brustkorb. Die Lunge ist mit einer Haut überzogen und das Innere des Brustkorbs mit einer anderen ausgekleidet. In diesem Zwischenraum entsteht ein Unterdruck. Die äußere Luft drängt deshalb in die Lungenflügel. Lassen wir den Brustkorb zusammenfallen, gleicht sich der Unterdruck aus und die Luft wird aus den Lungenflügeln wieder herausgepreßt. Verständlich wird nun, warum eine Verletzung der den Brustkorb im Inneren umhüllen-

Nach diesem Prinzip funktionieren unsere Lungenflügel.

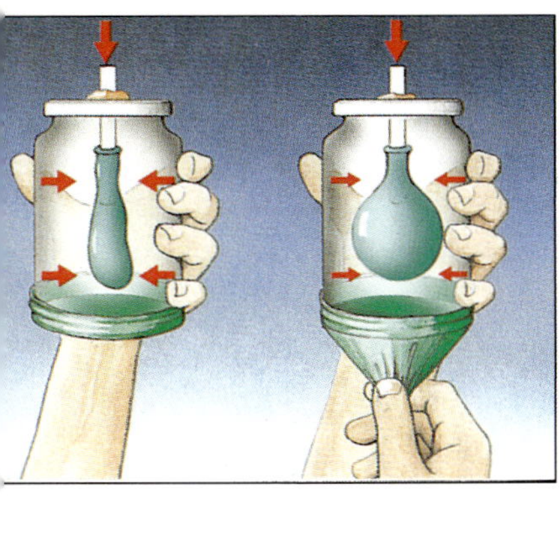

den Haut so gefährlich ist. Der Unterdruck kann nicht mehr erzeugt werden, weil die äußere Luft durch die verletzte Stelle in den Zwischenraum strömt.

Nach diesem Prinzip haben Verpackungskünstler eine neue Methode entwickelt, Gegenstände in einem Luftballon unterzubringen. Der Luftballon wird dazu in eine Kammer gestülpt. Aus der Kammer wird Luft herausgepumupt. Die äußere Luft drückt deshalb in den Luftballon und bläst ihn auf. Durch die Öffnung kann man jetzt den Gegenstand in den Luftballon schieben und sie verschließen. Fertig ist das erstaunliche Verpackungswerk.

Hier zeigt sich deutlich, daß der Druck in einem Luftballon gar nicht so groß ist. Denn es strömt nur Luft mit normalem Druck in den Ballon. Beim Abschnüren zieht sich seine Haut etwas zusammen und baut den kleinen Überdruck auf, der es dem Luftballon erlaubt, seine pralle Form gegenüber dem umgebenden Luftdruck zu erhalten.

Ein Heißluftballon zeigt deutlich, wie wenig Druck nötig ist, um einen riesigen Ballon aufzublasen. Allein der Druck der heißen Luft, durch eine Gasflamme erhitzt, reicht aus, um das Material zu einer runden Form aufzuspannen. Bemerkenswert ist, daß die Öffnung bei einem Heißluftballon nicht geschlossen ist. Nur eine kleine Druckdifferenz also, denn sonst würde ja die Luft herauszischen. Mit kleinem Druck verblüffende Effekte hier am Boden unseres Luftmeers zu erreichen, haben auch die Architekten gelernt. Sie konstruieren Hallen aus Kunststoffhäuten. Im Inneren wird durch ein Gebläse ein Überdruck erzeugt und dann aufrechterhalten. Dieser Druck entspricht einer Höhendifferenz von ca. 25 m. Kaum fühlbar, wenn man bedenkt, daß der Mensch Höhenunterschiede von bis zu 10 000 m aushalten kann, z. B. beim Bergsteigen mit der entsprechenden Veränderung beim Luftdruck. Das reicht aber aus, um die Hülle stabil stehen zu lassen. Das Halleninnere wird durch eine Drehtür erreicht, die wie eine Luftschleuse wirkt. Aber die Luft zischt nicht sofort aus dieser Öffnung heraus, wenn man die Halle betritt, denn der Druck im Inneren ist ja nur gering erhöht. In den sechziger Jahren wurde ein Ballonsatellit aus Kupferfolie gestartet. Der Durchmesser betrug 30 m und paßte deshalb selbstverständlich nicht in die Rakete. Man faltete ihn deshalb fein säuberlich zu einem kleinen Paket zusammen und brachte ihn in einer Delta-1-Rakete unter. Vorher füllte man ihn allerdings noch mit einigen Kilogramm Chemikalien. Im Weltraum entwickelte sich durch die Reaktion der Chemikalien etwas Gas. Weil aber der äußere Luftdruck der Erdatmosphäre fehlte, reichte der geringe Druck aus, um den Satelliten zu seiner vollen Größe zu entfalten.

Unterdruck kann man auch mit Wärme erzeugen. Dazu bringen wir in eine Milchflasche einen mit Spiritus getränkten Wattebausch und werfen ein brennendes Streichholz hinein. Der Wattebausch flackert kurz auf, und danach verschließen wir sofort die Flasche mit einem Luftballon. Nach dem Verlöschen der Flamme wird die Gummihaut langsam in die Flasche hineingedrückt. Verständlich warum. Die Flamme hat die Luft in der Flasche erwärmt. Die Luft dehnt sich dabei aus, und ein Teil wird dabei aus der Flasche gedrängt. Sobald die Gummihaut die Flaschenöffnung verschließt, kann

Nach dem Abkühlen fehlt Luft im Topf. Der äußere Luftdruck preßt den Deckel an.

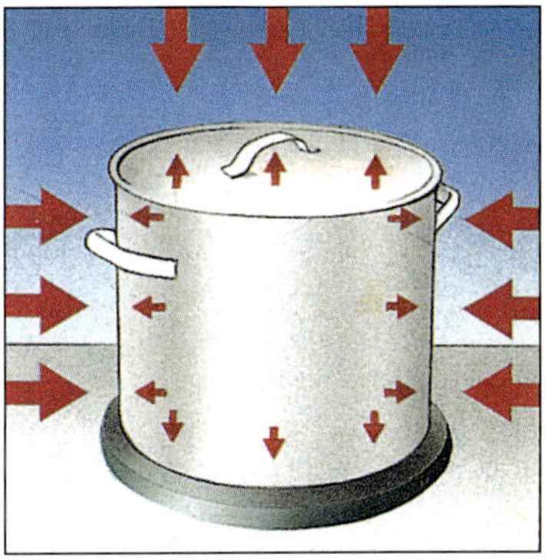

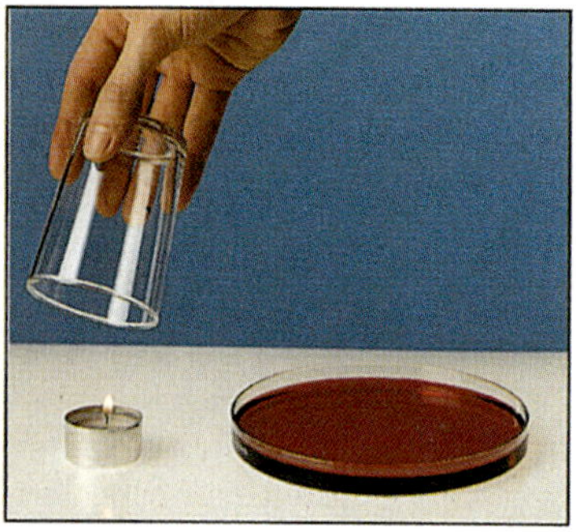

Durch Hitze kann man Wasser aufsaugen.

keine Luft mehr nachströmen. Die Luft im Inneren kühlt sofort ab, wenn die Flamme verlischt und zieht sich dabei zusammen. Im Inneren der Flasche fehlt jetzt die Luft. Die äußere Luftsäule kann sich deshalb bis zu einem neuen Gleichgewichtszustand voranschieben. Dabei wird die Gummihaut in das Innere der Flasche gepreßt.
Weil sich Luft so verhält, kann man mit Wärme Wasser aufsaugen. Dazu wird ein Glas über einer Kerzenflamme erhitzt und danach mit der Öffnung nach unten in das Wasser gehalten. Die erwärmte Luft kühlt sich ab, wiederum fehlt dadurch ein Teil der Luft im Glas, und der äußere Luftdruck preßt das Wasser bis zu einer neuen Gleichgewichtsposition in das Glas.
Beim Schröpfen wird statt Wasser einfach Haut in das Glas gepreßt. Die Schröpfgläser werden erwärmt und auf die Haut aufgesetzt. Weil im Glas Luft fehlt, preßt die umgebende Luft die Haut in das Glas hinein. Angeblich soll diese Prozedur die Durchblutung fördern.
Wie stark der Luftdruck sein kann, zeigt sich beim Kochen. Wird der heiße Topf mit geschlossenem Deckel einige Zeit stehengelassen, so läßt sich der Deckel plötzlich nicht mehr anheben. Beim Kochen hat sich die Luft ausgedehnt und ist zum Teil entwichen. Beim Abkühlen fehlt dieser Anteil und der Druck der umgebenden Luftsäule ist

deshalb stärker. Er preßt den Deckel auf den Topf. Abhilfe schafft erneutes Erhitzen, so daß die Luft im Inneren sich ausdehnen kann und einen Gegendruck ausübt.
Häufig wird das Öffnen von Marmeladengläsern durch die Stärke des Luftdrucks zu einer Kraftprobe. Wie beim Topf preßt er den Deckel auf den Glasrand, denn beim Einkochen ist Luft aus dem Glas entwichen. Dieser Druck ist aus Gründen der Haltbarkeit bei der Marmelade sogar erwünscht. Ein Gummiring schließt zudem den Inhalt luftdicht ab. Da hilft kein Drehen, sondern nur ein Anheben des Deckels mit der Messerspitze, um den Druckausgleich zu schaffen. In der Technik benutzt man den wechselnden Luftdruck, der mit heißer und kalter Luft verbunden ist. Ein Heißflammenmotor läuft durch diesen Luftdruckwechsel. Ein Kolben saugt die Flamme in das Innere einer Kammer. Die Luft wird dort erwärmt. Mit fortschreitender Bewegung des Kolbens verschließt dann ein Schieber die Kammer. Die Luft im Inneren kühlt ab, ihr Druck sinkt und der Kolben wird durch den stärkeren äußeren Luftdruck nach vorne gedrückt. Dabei öffnet sich der mit ihm gekoppelte Schieber wieder, und der Vorgang kann erneut beginnen. So genial kann man das Wissen um den unterschiedlichen Luftdruck einsetzen.

SEGELN IST WIE FLIEGEN

Mit dem Segelschiff haben die Menschen große Entdeckungen auf unserer Erde gemacht. Wenn man an die weiten Reisen von Kolumbus oder Vasco da Gama denkt, so ist es nur schwer vorstellbar, wie weit sie mit ihren Segelschiffen gekommen sind. Verständlich ist noch, daß ein Segel mit Rückenwind ein Schiff über das Wasser treiben kann. Aber die großen Seefahrer konnten sich wohl nicht allein auf den Rückenwind verlassen, sie müssen einen anderen Trick gekannt haben, der auch bei Gegenwind das Schiff nach vorn bewegte.

Wenn man ein Boot gegen den Wind segeln sieht, so fällt das pralle, halbrunde Segel auf, gegen das der Wind bläst. Übrigens waren schon die alten Ägypter mit dem Problem konfrontiert, gegen den Wind segeln zu müssen. Ober- und Unterägypten sollten auch verkehrstechnisch miteinander verbunden werden – der Nil bot dafür eine vorzügliche Gelegenheit; denn Alexandria konnte so von Assuan im Süden über eine Entfernung von 1300 km erreicht werden. Flußabwärts ließ sich das auch recht elegant verwirklichen; denn die Schiffe trieben einfach den Nil hinab. Wie aber kam man wieder zurück – gegen den Strom? Unglücklicherweise blies auch noch während bestimmter Jahreszeiten ein starker Südwind – man konnte ihn also nicht als Rückenwind ausnutzen, um wieder zurück nach Assuan zu kommen. Aber die Ägypter kannten das Geheimnis des Segelns – auch gegen den Wind.

Um diesen erstaunlichen Trick nachzuvollziehen, müssen Sie nicht ein Segelboot mieten und

auf Wind warten. Es genügt, wenn Sie einen kleinen Wagen – sehr gut eignen sich Wagen einer Modelleisenbahn dazu – mit einem Segel aus Pappe ausrüsten. Wichtig ist nur, daß der Miniwagen leicht rollt. Für das Experiment muß man den Wagen auf eine Schiene setzen und das Segel aus Pappe auf der einen Seite stark wölben. Blasen Sie jetzt mit einem Haarfön gegen die nach außen gebogene Seite des Segels. Der Wagen bewegt sich nach vorne – gegen den Wind! Schaut man sich die Strömungslinienverteilung an, so wird klar, woran das liegt. Die

Bläst man gegen das nach außen gewölbte Segel, so bewegt sich der Wagen vorwärts!

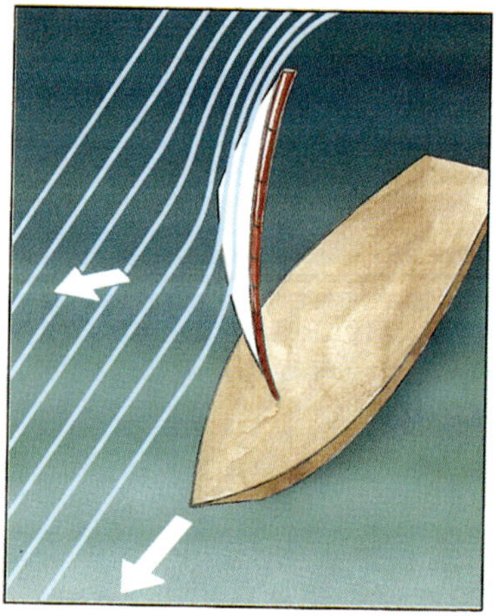

Luft strömt schneller um den nach außen gebogenen Teil als um die Gegenseite des Segels. Denn diese Luftteilchen müssen ja einen längeren Weg zurücklegen als die Teilchen an der Innenseite, um mit ihnen am Ende des Segels wieder zusammentreffen zu können. Schnell strömende Luft verursacht einen Unterdruck – deshalb wird das Segel nach vorne gezogen. Je nach dem Anstellwinkel des Segels ist dieser Zug nach vorn – gegen den Wind – mehr oder weniger stark. Dieses Experiment zeigt, wie eng das Segeln mit dem Fliegen verbunden ist. Denn auch beim Fliegen hob der Unterdruck der schnellströmenden Luft die Flügel nach oben (s. Seite 70 ff.). Schneidet man sich aus Balsaholz oder Styropor einen Flugzeugflügel aus und setzt ihn auf den Wagen, so funktioniert die Fahrt gegen den Wind genauso gut. Diese gebogene Form ist offenbar universell – allein die Anordnung des Flügels entscheidet, ob daraus ein Flugzeug oder ein Segelboot entsteht. Beim Segel verzichtet man auf die untere geschlossene Form wie sie bei einem Flugzeugflügel vorhanden ist. Ein Segel ist eher vergleichbar mit dem Flügel ei-

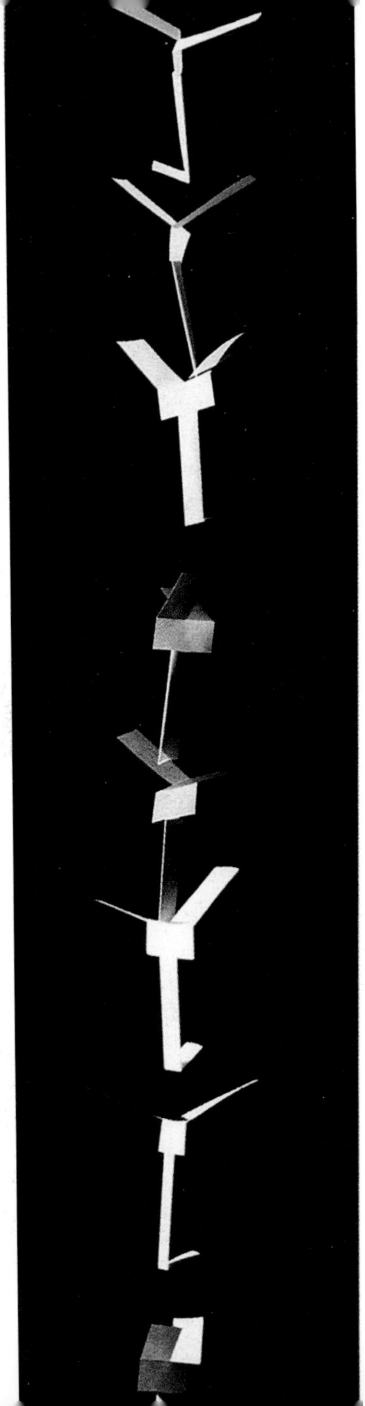

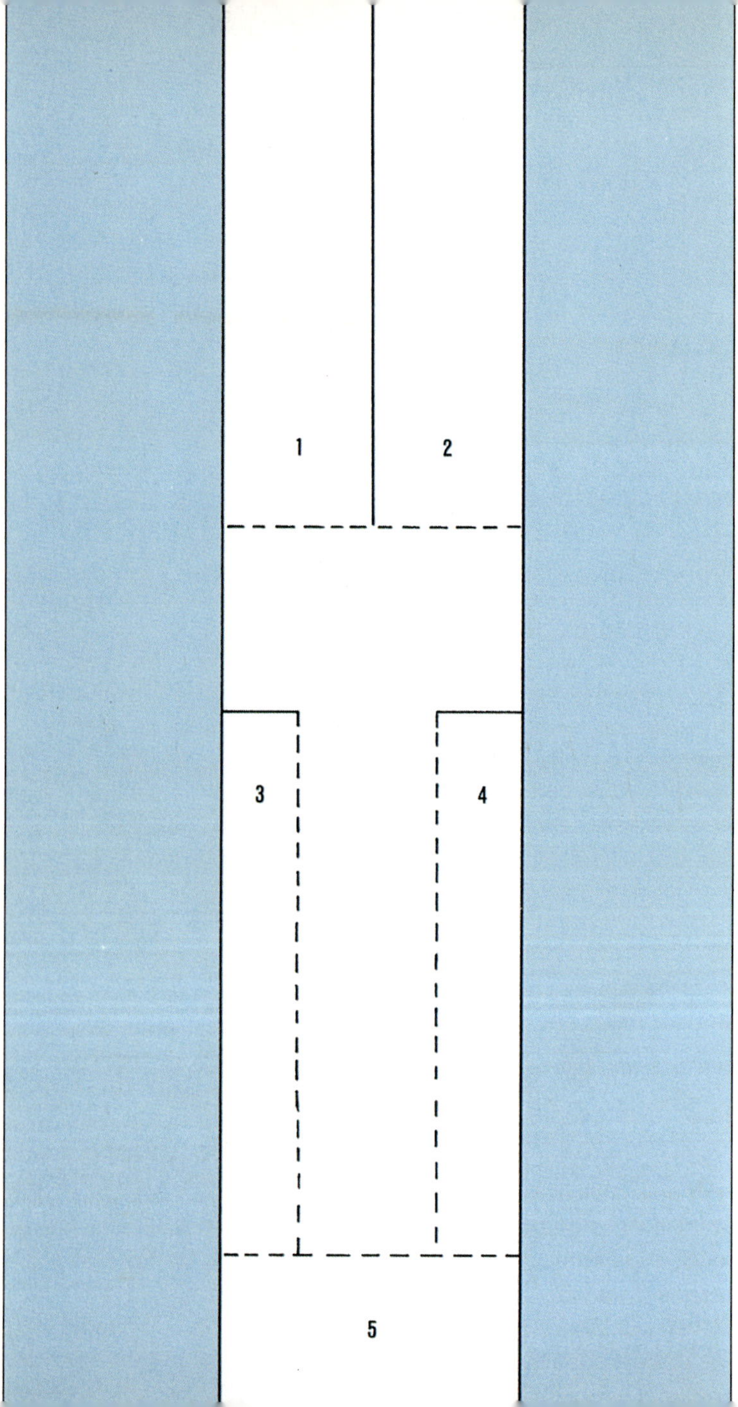
1
2
3
4
5

nes Drachenfliegers oder Paragleiters – nur daß beim Segelboot die Leinenfläche senkrecht aufgestellt ist und der Unterdruck zum Vorwärtsfahren benutzt wird.

In der Natur wird diese Form auch ausgenutzt – und nicht nur von Vögeln, die fliegen. Wichtig für die Verbreitung von Ahornsamen ist z. B. das Segeln durch die Luft. Dabei beschreibt der Ahornsamen eine spiralförmige Bahn – er rotiert um den schweren Mittelpunkt. Durch diese Drehbewegungen entsteht eine schnelle Luftströmung – und damit ein Unterdruck. Der Samen gleitet dadurch langsam zur Erde. Die Form des Samens ist dabei von Bedeutung, denn sie läßt den Ahornflügel leicht angekippt heruntersegeln, so daß dadurch überhaupt die Verteilung in Unterdruck und Normaldruck an der Ober- und Unterseite des Samens möglich ist.

Wie einfach solche Segelsituationen zu erreichen sind, zeigt das folgende Experiment. Aus einem Blatt Papier kann man nach der nebenstehenden Anweisung leicht ein seltsam aussehendes Fluggerät zusammenfalten. Läßt man das Flugzeug von einem erhöhten Punkt fallen, so beginnt es zu rotieren und segelt dabei langsam nach unten. Auch hier verhilft die unterschiedliche Strömungsverteilung an der Ober- und Unterseite des Papierflügels zum langsamen Herabschweben, wobei sich das Fluggerät um die eigene Achse dreht.

Das ist außerdem ein Beispiel dafür, daß man auch bei Windstille fliegen kann. Die Luftströmung wird durch das Drehen erzeugt und dieses wiederum letztendlich durch das Fallen.

Einem Paragleiter z. B. ist der Wind überhaupt nicht angenehm, weil Böen ihm den Schirm zusammendrücken können und dann ist es vorbei mit dem Fliegen. Wie aber erzeugt er dann den Unterdruck? Der Sprung in den Abgrund läßt den Paragleiter mit dem Schirm zunächst hinunterfallen. Dadurch kommt er auf Geschwindigkeit und die verschafft ihm die zum Fliegen notwendigen Luftströmungen. Seine Fallgeschwindigkeit vermindert sich und der Auftrieb läßt ihn langsam zum Boden gleiten. Mit

Entlang der durchgezogenen Linien schneiden; die gestrichelten falten: 1 nach vorn und 2 nach hinten; 3 nach innen und mit 4 überlappen, danach 5 hochfalten.

seiner Steuerung kann er dann z. B. zu einer Spirale ansetzen – d. h. nach unten fallen und damit wieder auf Geschwindigkeit kommen, die ihn paradoxerweise wieder nach oben hebt. Segelflieger übrigens arbeiten mit einer ähnlichen Technik. Große Düsenflugzeuge wollen je nach Anforderungen ihren Auftrieb verändern – z. B. beim Starten und Landen. Wenn die Geschwindigkeit beim Starten nicht so hoch ist, daß die Luftströmungen über der Flügeloberseite genügend Unterdruck erzeugen, die das Flugzeug nach oben saugt, so helfen sich die Piloten mit einem technischen Trick. Sie fahren die Startklappen aus – vergrößern also die Fläche mit dem Unterdruck, so daß sie jetzt stärker nach oben gesaugt wer-

Druckverteilung auf der Flugzeugoberfläche während eines Testfluges. An den Flügeloberkanten stellen die dunklen Farben den Unterdruck für den Auftrieb dar (Computerdarstellung der Meßergebnisse).

den. Haben sie die richtige Flughöhe erreicht, so fahren die Piloten die Starthilfe wieder ein – verkleinern also die Flügelfläche. Das ist schon deshalb sinnvoll, weil sich dadurch der Luftwiderstand verringert – und das spart Treibstoff.

Eine intelligente Lösung dieses Problems hat die NASA versucht – mit dem sogenannten »Scherenflugzeuge«. Beim Start und der Landung werden die großen Flügel wie gewohnt im rechten Winkel zum Flugzeugrumpf gestellt. Während des Reisefluges kann man die Flügel wie bei einer Schere zum Rumpf hin verstel-

Beim Scherenflugzeug werden die Flügel während des Fluges zum Rumpf hin verstellt; so ist der Luftwiderstand geringer.

len – mit dem oben beschriebenen Effekt der verminderten Reibung. Der Auftrieb reicht bei den hohen Reisegeschwindigkeiten aus – bei der Landung mit der entsprechend niedrigen Geschwindigkeit wird der notwendige Auftrieb wiederum durch das Verdrehen zu einer größeren Fläche in Strömungsrichtung erreicht.

Beim Fliegen nutzt man den variablen Auftrieb auch zum Steuern aus. An den Flügeln befinden sich kleine Klappen, die aufgestellt werden können. In diesem Zustand reißt die schnelle Strömung über dem Flügel ab – der Unterdruck geht verloren – das Flugzeug fällt oder kippt an dieser Seite nach unten – bis es durch Einklappen der störenden Hindernisse wieder ins Gleichgewicht kommt. Der Pilot hat durch

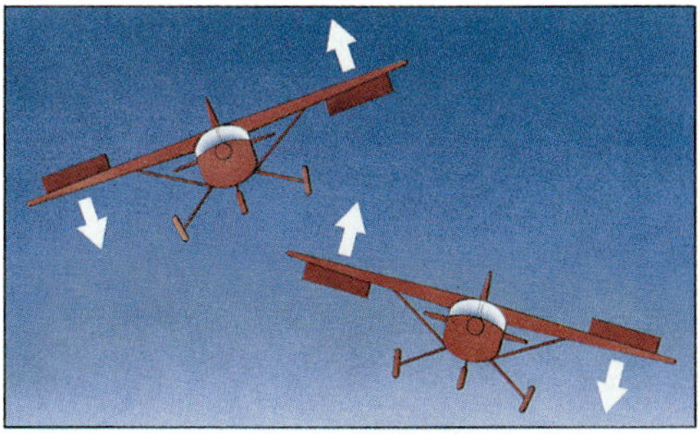

Bei einem »stall« reißen die glatten Luftströmungen in Einzelwirbel auf.

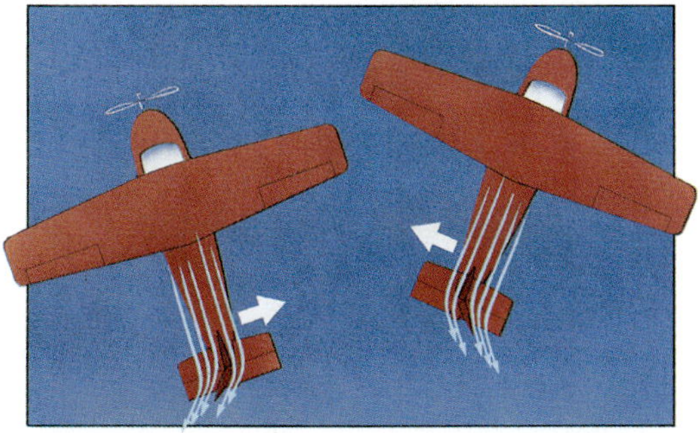

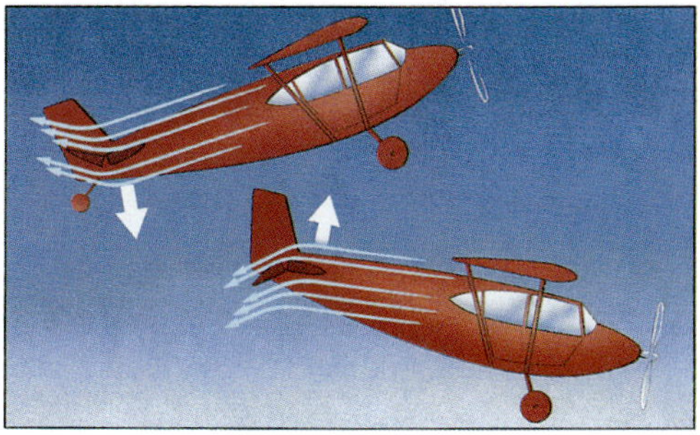

Kleine Flügelklappen können die Luftströmung stören. Dadurch kann man das Flugzeug etwa steuern (oben). Durch Bewegen der verschiedenen Klappen kommt es zum Auftreffen der Luftströmungen und zu einer Unterdruckzone. Das Flugzeug wird so gesteuert.

diesen Trick jedoch eine Kurve beschrieben.

Aber auch die schnellen Luftströmungen zeigen ihre Grenzen. Wird das Flugzeug zu steil nach oben gezogen, so reißt die Luftströmung ab – und das Flugzeug fällt wie ein Stein nach unten. So schnell kann der Traum des Fliegens vorbei sein.

WASSER ALS BERGSTEIGER

Jeder von uns ist verführt, mit einer brennenden Kerze zu spielen. Das flüssige Wachs kann man umleiten, kneten, und wenn es abkühlt, daraus Figuren formen. Die Frage jedoch ist, warum die Kerze so unermüdlich brennt, und woher sie immer die richtige Menge Brennstoff bekommt? Klar ist, daß das Wachs schmilzt, heiß wird und die Dämpfe am Docht verbrennen. Aber wozu dient überhaupt der Docht?

Wenn man eine Kerze genau beobachtet, so sieht man, daß ein ständiger Strom vom Außenrand der Kerze zum Docht fließt. Sichtbar wird das, wenn kleine Rußteilchen in das flüssige Wachs gebracht werden und so die Strömung anzeigen. Offenbar saugt der Docht das flüssige Wachs an. Ein Docht besteht aus ineinandergedrehten dünnen Fasern. Sie sind nicht allzu fest aneinandergepreßt, so daß der Docht von schmalen Kanälen durchsetzt ist. Durch diese Kanäle wird offenbar das flüssige Wachs nach oben gezogen.
In einer Röhre scheint dieses »Nach-oben-Ziehen« automatisch zu funktionieren. Das kann man ausprobieren. Hält man einen durchsichtigen Trinkhalm in ein Glas mit Wasser, so ist zu sehen, wie das Wasser etwas nach oben steigt. Je dünner der Halm ist, um so weiter steigt das Wasser nach oben. Verständlich ist dieses Verhalten, denn die Wasserteilchen ziehen sich untereinander stark an. In dem Röhrchen werden sie je-

Die feinen Röhren in einem Wollfaden saugen das Wasser aus dem Glas.

doch auch noch von der Wand angezogen, die sie am Zusammenkommen hindert. Diese Kräfte des Zusammenziehens sind so stark, daß das Wasser die Röhre »hinaufklettert«. Das geht nur bis zu einer bestimmten Höhe, denn die Anziehungskraft der Erde wirkt dieser Bewegung nach oben entgegen. Ein Gleichgewicht stellt sich ein. Damit ist auch plausibel, warum im Röhrchen mit dem geringsten Durchmesser das Wasser am

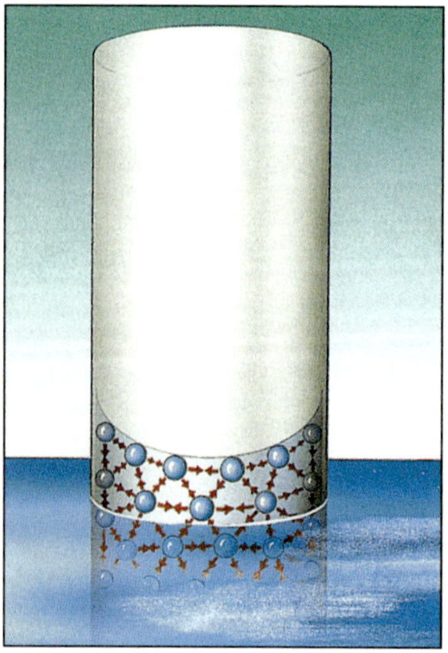

höchsten steigt. Die Teilchen sind enger zusammen und können so besser aufeinander wirken. Außerdem ist das Gewicht der Wassersäule in der dünnen Röhre geringer als in der dicken – und das ist wichtig, um die Erdanziehungskraft überwinden zu können. Welchen Einfluß die Dicke der Öffnung auf die Steighöhe hat, das zeigt der folgende Versuch.
Zwei gleich große Glasplatten werden mit zwei Gummibändern zusammengehalten. Am einen Ende klemmt man ein

Streichholz zwischen die Platten, so daß zwischen ihnen eine keilförmige Öffnung entsteht. Werden sie nun in gefärbtes Wasser gestellt, so zieht sich das Wasser nach oben. Im engeren Bereich des Keils gelingt das weitaus besser als da, wo die Glasplatten durch das hineingeschobene Streichholz weiter auseinanderklaffen.

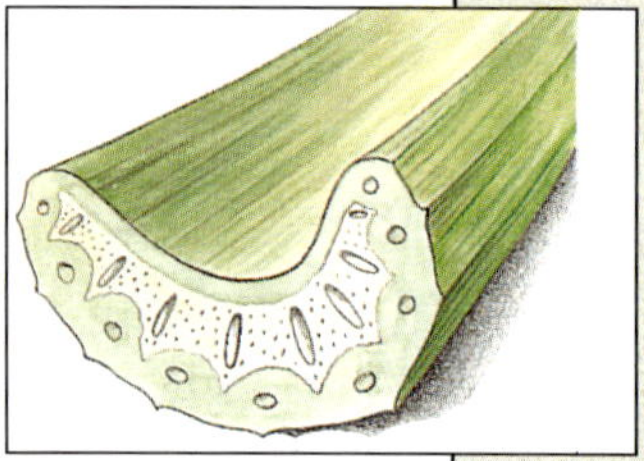

Der Querschnitt zeigt die vielen kleinen Röhren des Selleriestengels.

Feine Röhren und Spalten sind überall zu finden und man kann ihre Wirkung im Zusammenspiel mit einer Flüssigkeit leicht beobachten. Legt man ein Stück Würfelzucker in eine Wasserlache, so saugt der Würfelzucker das Wasser auf – man sieht es im Zucker durch feine Kanäle hochsteigen. Auch ein ausgetrockneter Schwamm saugt das Wasser aus einer Schüssel heraus. Es steigt in den Röhren nach oben. Wie ein Docht besitzen auch Wollfäden feine Röhren und Spalten. Wird ein Faden in ein Glas mit Wasser gehängt, so saugt der Faden das Wasser aus dem Glas. Großmütter haben dieses Prinzip schon lange erkannt und bauen daraus eine intelligente Blumengießanlage. Wenn sie auf Reisen gehen, so spannen sie Wollfäden durch das ganze Zimmer, die in den Blumentöpfen enden und in einem Wassereimer ihren Anfang haben. Ist dieses Werk vollbracht und der Eimer mit Wasser gefüllt, so können sie beruhigt in Urlaub fahren. Die Wollfäden transportieren kontinuierlich das Wasser zu den Blumentöpfen und halten die Erde feucht. Auch von der Natur wird dieses Transportsystem durch die dünnen Röhren ausgenutzt. Besonders eindrucksvoll ist die Demonstration dieses Kapillareffektes mit Selleriestauden. Wenn man das grüne Kraut von der Sellerieknolle abschneidet und sich den Querschnitt eines solchen Stengels genauer betrachtet, so entdeckt man viele kleine Röhren. Läßt man das Kraut für einige Stunden liegen, so wird es sehr schnell schlaff. Stellt man die Stengel dann wieder in das Wasser, so kann man fast zusehen, wie sie sich wieder aufrichten. Das Wasser »klettert« durch die kleinen Röhren nach oben und versorgt die Blätter und den Stengel wieder mit Feuchtigkeit. Der Druck des gespeicherten Wassers hält die Stengel aufrecht.

Einen ähnlichen Versuch kann man mit einer weißen Nelke machen. Stellt man die Nelke in mit blauer Tinte gefärbtes Wasser, so wird die Nelke über Nacht blau. Manche mögen eine zweifarbige Nelke. Um das zu erreichen, muß man den Stiel der Nelke sorgfältig spalten. Das eine Ende wird in ein Glas mit blauer Tinte – das andere in eines mit roter Tinte gestellt.

Nach 12 Stunden hat sich die eine Hälfte der weißen Nelke rot, die andere blau gefärbt. Auch hier ist die Flüssigkeit über die Kapillarkräfte nach oben gestiegen.
Auch die Saugfähigkeit von Löschpapier ist durch feine Röhren mit Öffnungen im Papier zu erklären. Verschiedenfarbige Flüssigkeiten sind so mit einem Löschpapier schnell aufgesaugt. Man kann diesen Vorgang direkt beobachten und sehen, wie die Flüssigkeit nach oben steigt. Damit ist es auch möglich, einen Wachsfleck aus einem Stoff mit Löschpapier aufzusaugen. Das Löschpapier wird über das Wachs gelegt und ein heißes Bügeleisen macht das Wachs flüssig. Jetzt kann es durch die Kapillarröhrchen des Löschpapiers aufgesogen werden.
Pasten zur Fleckentfernung arbeiten nach diesem Prinzip. Sie enthalten ein Mittel, das das Fett löst und besitzen Kanäle, die das ungelöste Fett hochsaugen. Nach dem Austrocknen kann man die Fleckenpaste einfach wegbürsten. Besonders eindrucksvoll ist es, ein Stück Löschpapier in einem Gemisch aus verschiedenen Substanzen zu halten, z. B. Tusche, Lebensmittelfarbe und Tinte. Während des Hochsteigens trennen sich die unterschiedlichen Stoffe. Je

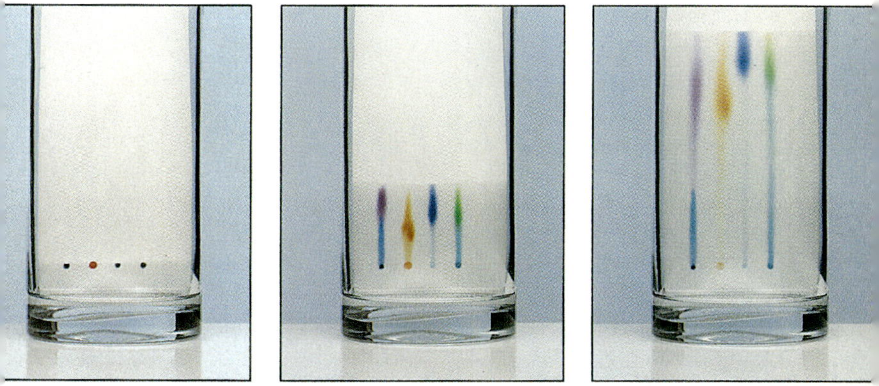

Durch die feinen Kanäle des Löschpapiers steigen die Stoffe des Gemischs mehr oder weniger weit nach oben.

nach ihrer Eigenschaft bleiben sie während des Hochsteigens früher oder später in den feinen Kanälen des Löschpapiers hängen, so ist es möglich, die schwarzen Tuscheteilchen von den roten Anteilen der Lebensmittelfarbe zu trennen. Diese Methode wird übrigens in der Chemie zur Analyse von Substanzen benutzt.

Das hochsteigende Wasser kann auch ärgerlich sein. Bei alten Gebäuden sieht man häufig im unteren Bereich an der Außenwand Wasserflecken. Die kleinen Kanäle im Mauerwerk »ziehen« das Wasser aus dem Boden nach oben. Seit etwa 100 Jahren begegnet man diesem Problem mit sogenannten »Feuchtigkeitssperren«. Sind die Grundmauern errichtet, so wird eine Lage Teerpappe auf die Steine gelegt. Der Strom des Wassers durch die feinen

Kanäle des Mauerwerkes wird mit diesem Trick gestoppt.
Aber die Kapillarkräfte können auch hilfreich sein. Bei Tabletten kommt es darauf an, daß sich der Wirkstoff im Magen schnell auflöst. Deshalb werden seit einiger Zeit Tabletten mit einem Kunststoff versetzt, der feine Kanäle aufweist. Der Wirkstoff ist mit diesem ungefährlichen Kunststoff vermischt. Der Kunststoff saugt das Wasser an, bläht sich dabei auf und »zersprengt« regelrecht die Tablette. Die Wirkstoffe werden so relativ schnell frei.

Himalaya Bahn
OB
1

LOOPING MIT KNOFF-HOFF

Auf dem Jahrmarkt bedeutet es einen besonderen Nervenkitzel, mit einer Looping-Bahn zu fahren. Dabei beschreibt die Bahn einen Kreis, der es ermöglicht, daß die Fahrgäste kurzzeitig auf dem Kopf stehen. Begonnen wurden diese Bahnen mit einer Schleife – heute kann man fünf oder noch mehr Kreise mit einer Fahrt durchrasen.

Technisch ist dieser Nervenkitzel relativ einfach zu bewerkstelligen. Man muß nur eine hohe Geschwindigkeit erreichen, um nicht am Scheitelpunkt des Kreises wie ein Stein nach unten zu fallen. Bei der Bahn würde das übrigens auch dann nicht passieren, denn sie ist durch Gegenrollen gesichert – die Räder umgreifen die Schiene, so daß man höchstens kopfüber hängen bliebe.
Warum die Geschwindigkeit dabei eine Rolle spielt, kann jeder leicht ausprobieren. Wenn man eine Milchkanne mit Wasser füllt und sie dann schnell vertikal herumschleudert, verliert man keinen Tropfen, selbst wenn die Milchkanne kurzzeitig auf dem Kopf steht. Allerdings muß die Drehgeschwindigkeit sehr hoch sein. Ist sie zu gering, so läuft das Wasser im Scheitelpunkt aus der Kanne. Durch die Drehgeschwindigkeit entsteht eine Kraft, die nach außen wirkt. Die Flüssigkeit wird nach außen gedrückt, im Falle der Milchkanne an den Boden. Diese Kraft nennt man übrigens Zentrifugalkraft. Selbstver-

ständlich wirkt auch immer die Anziehungskraft der Erde. Je schneller man dreht, um so größer ist die Zentrifugalkraft. Die Flüssigkeit würde auch schon dann in der Kanne bleiben, wenn die Zentrifugalkraft gerade so groß wie die Anziehungskraft der Erde wäre. Zur Sicherheit drehen wir die Milchkanne etwas schneller, damit die Kraft nach außen deutlich größer ist als die Erdanziehungskraft. Bei der Looping-Bahn müssen die Berechnungen genauso gemacht werden. Die Bahn muß so schnell fahren, daß die Zentrifugalkraft größer ist als die Anziehungskraft der Erde. Und das ergibt bei der 2-fach-Looping-Bahn eine Geschwindigkeit von 60 km/h. Wenn der Zug in den Kreis einfährt, so wird ja der Weg der Wagen abgelenkt. Der Fahrgast wird zu Beginn des Kreises mit einer Kraft, die der 6fachen Erdanziehungskraft entspricht, in den Sitz gepreßt. Den Fahrgästen geht es dabei so wie der Flüssigkeit in der Milchkan-

ne. Kampfflugzeugpiloten müssen bei ihren Loopings ähnlich große oder sogar noch größere (7mal die Erdanziehung) Kräfte aushalten. Je nach Hautqualität zieht es da so manchem die Backen mehr oder weniger stark in Richtung Knie. Selbstverständlich ist dieser Spaß auch eine große Belastung für den Blutkreislauf, denn für einen kurzen Moment wird das Blut aus dem Kopfbereich in die Beine gepreßt. Mancher hält das nicht so gut aus; deshalb gibt es ja auch die Tests bei den Piloten. Je höher die Bahn im Kreis steigt, um so geringer wird die Geschwindigkeit. Im Scheitelpunkt beträgt die Anpreßkraft etwa die Hälfte der Erdanziehung. Das läßt das Gefühl der Schwerelosigkeit aufkommen – offensichtlich der größte Reiz der ganzen Fahrt.

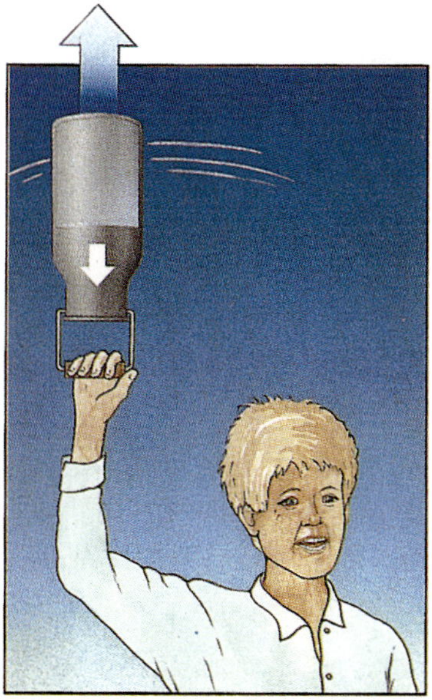

Ein Flugzeug kann auch solche Loopings fliegen. Das Ziel ist es z. B., zukünftigen Astronauten das Gefühl der Schwerelosigkeit zu vermitteln. Der Pilot wählt die Geschwindigkeit so, daß sich im Scheitelpunkt Zentrifugalkraft und Erdanziehung gerade gegenseitig aufheben. Die Mitflieger schweben dann kurzfristig im Laderaum des Flugzeugs. Außerdem verlängert sich dieser Zustand durch den anschließenden Sturzflug.

Die erdnahe Weltraumfahrt funktioniert ebenfalls nur durch den Trick mit der Zentrifugalkraft. Die Satelliten werden auf eine Umlaufbahn geschossen, auf der sie die Erde umkreisen. Ihre Umlaufgeschwindigkeit muß so hoch sein, daß sie einer Zentrifugalkraft ausgesetzt sind, die genauso groß ist wie die Anziehungskraft der Erde. Ist sie geringer, so stürzen die Satelliten auf die

In Flugzeugen, die Loopings fliegen, entsteht Schwerelosigkeit.

Erde zurück. Selbst wenn diese Bedingung erfüllt ist, kommt es manchmal dennoch zum Absturz. Denn auch noch in 300 km Höhe finden sich Reste der Atmosphäre. Deshalb verliert der Satellit mit der Zeit durch die Reibung an Geschwindigkeit

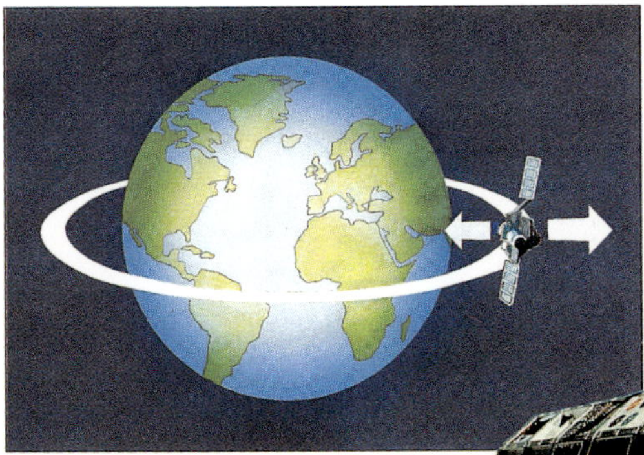

Die Umlaufgeschwindigkeit von Satelliten muß exakt berechnet werden, damit sie nicht abstürzen.

und stürzt ab. Schwierig wird die Sache, wenn sich die Erdatmosphäre ausdehnt. Ist die Sonne besonders aktiv und schleudert viel Strahlung und Teilchen auf die Erde, so erwärmt sich die Erdatmosphäre und dehnt sich aus. Niedrig fliegende Satelliten unterliegen dadurch einer stärkeren Reibung als berechnet und verlieren an Geschwindigkeit. Satelliten haben zu diesem Zweck Steuerraketen an Bord, mit denen die Bahn korrigiert werden kann. Auf einer höheren Bahn kommen die Satelliten mit einer niedrigeren Geschwindigkeit aus. Denn die Anziehungskraft der Erde nimmt ja mit der Entfernung ab. Je größer der Abstand von der Erde, um so geringer ist die Geschwindigkeit, die für den Ausgleich mit der Anziehungskraft der Erde notwendig wird. Die erdnahen Satelliten »sausen« deshalb auch relativ schnell um die Erde – in 500 km Abstand brauchen sie für einen Umlauf 90 Minuten. Das entspricht etwa der 25fachen Schallgeschwindigkeit. In 36 000 km Entfernung dreht sich der Satellit genauso schnell wie die Erde. Das ist übrigens ein Vorteil, denn von der Erde aus betrachtet bewegt sich der

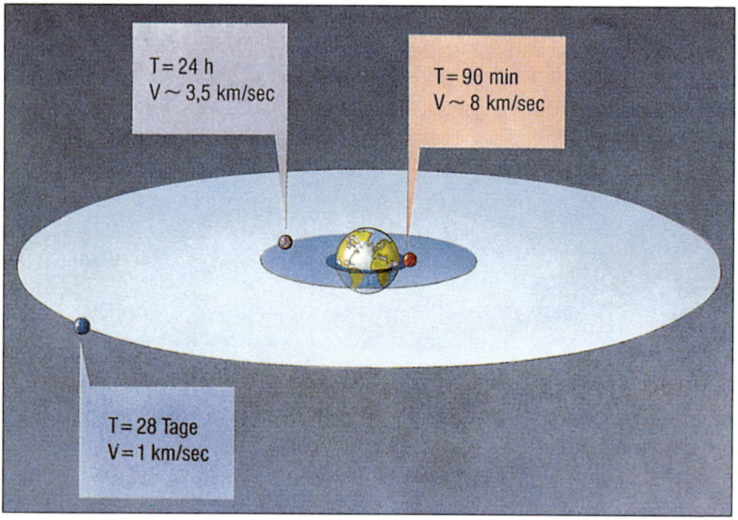

Satellit dann nicht von der Stelle, er scheint fest am Himmel zu stehen, weil sich ja die Erde genauso schnell dreht wie er. Deshalb ist ja auch diese »geostationäre« Bahn für Weltraumtechniker so interessant. Die Nachrichtensatelliten können wie ein Fixpunkt von der Erde angepeilt werden und wie ein feststehender Spiegel das Signal zu einer anderen Stelle der Erde weitergeben. Komplizierte Nachführtechniken der Antennen – wie bei niedrig fliegenden Satelliten – sind hier nicht notwendig. Das Space-shuttle übrigens fliegt in etwa 500 km Höhe. Weil sich dabei gerade Erdanziehung und Zentrifugalkraft ausgleichen, zeigen sich erstaunliche Phänomene. Wassertropfen z. B. schweben in der Kabine. Sie sind kreisrund, weil die Anziehungskräfte der Wasserteilchen untereinander durch keine anderen Kräfte – wie z. B. auf der Erde – gestört werden. Diese Schwerelosigkeit wird beim Space-shuttle allerdings immer wieder durch Steuermanöver unterbrochen. Sie sind auch notwendig, weil das Space-shuttle in relativ geringer Höhe die Erde umkreist und durch die Reste der Atmosphäre hervorgerufene Reibung immer wieder an Geschwindigkeit verliert.

Mit einer großen Schüssel lassen sich die Bedingungen im Weltall nachvollziehen. Der Schüsselrand sollte möglichst flach sein – wie etwa bei einem Roulettespiel. Eine Stahlkugel auf eine Umlaufbahn gebracht rollt brav um das Zentrum herum. Die Schräge der Schüsselwand entspricht der Erdanziehung. Durch die Reibung verliert die Kugel an Geschwindigkeit und stürzt deshalb schließlich auf den Schüsselboden.

Aber in unserer Looping-Bahn stecken noch mehr Überraschungen. Für Leute mit schwachem Kreislauf, die aber dennoch nicht auf das Vergnügen verzichten wollen, empfiehlt sich ein Platz in der Mitte des Zuges. Denn wer vorne mitfährt, erlebt beim Einfahren in den Kreis den höchsten Anpreßdruck, weil ja

Wenn sich Erdanziehung und Zentrifugalkraft ausgleichen, entsteht im Spaceshuttle Schwerelosigkeit.

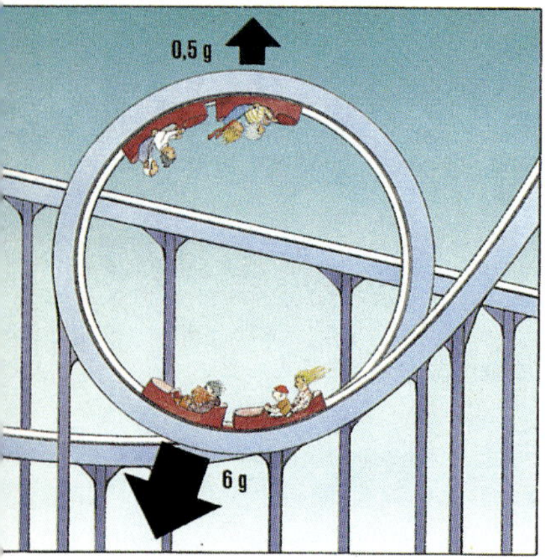

an der Spitze zunächst die höchste Geschwindigkeit erreicht wird. Der Zug wird dann durch die Steigung abgebremst, so daß die dahinter sitzenden Fahrgäste eine kleine Erleichterung haben (statt 6 g etwa nur 5mal die Erdanziehung). Die Leute am Ende des Zuges, die bei der Einfahrt in die Schleife durch das Abbremsen nicht so stark in die Sitze gepreßt wurden, erfahren bei der Ausfahrt die volle Tücke des »Loopings«, denn nach dem Scheitelpunkt kommt der Zug wieder auf Geschwindigkeit und bei der Ausfahrt aus dem Kreis findet sich die höchste Geschwindigkeit am Ende des Zuges – mit dem entsprechenden Anpreßdruck. Hier nun zahlt sich der goldene Mittelweg aus – der Sitzplatz in der Mitte. In beiden Extremsituationen wird man hier etwa um 15% weniger auf den Sitz gepreßt als die Fahrtgenossen vorne oder hinten.

Bei der Berechnung einer solchen Bahn und der notwendigen Geschwindigkeit muß man selbstverständlich auch die Reibungsverluste durch Luftwiderstand und Räder beachten. Ohne diese Faktoren würde es aus Gründen der Energieerhaltung ausreichen, den Zug auf gleicher Höhe mit dem Scheitelpunkt zu starten. Wenn die Wagen beim Start auf der Höhe h wären und keine Verluste auftreten, so müßten sie diese Höhe h im Scheitelpunkt ja wieder erreichen. Weil es jedoch die Reibungsverluste gibt, muß man den Startpunkt etwas höher wählen, um den Energieverlust auszugleichen. Diesen Versuch kann man auch mit einer kleinen Spielzeug-Looping-Bahn durchführen. Startet man das Auto etwas höher als der Scheitelpunkt, so wird es das Looping elegant durchfahren. Die durch die Höhe des Startpunktes gewonnene potentielle Energie wird beim Fahren in Bewegungsenergie umgewandelt. Am Boden ist die Bewegungsenergie und damit die Geschwindigkeit am größten. Beim Aufsteigen nimmt die Bewegungsenergie wieder ab, der Wagen ist im Scheitelpunkt am langsamsten, hat dort jedoch wieder seine maximale Höhe und damit seine potentielle Energie zurückgewonnen. Zirkuskünstler haben schon seit Jahrhunderten diesen Trick gezeigt und sind z. B. mit Fahrrädern durch einen Looping gefahren – gut berechnet von Physikern wohlgemerkt. Nun kamen Artisten auf die Idee, in einer gepolsterten und gefederten Kugel das Looping zu durchrollen. Aber plötzlich stimmten die ganzen Ausgangsbedingungen nicht mehr. Die Starthöhe mußte um ein erhebliches Stück – über 1,4mal mehr – nach oben verlagert werden, sollte das Kunststück gelingen! Man kann diese Situation mit unserem Spielzeug-Looping nachvollziehen. Eine Kugel erfordert etwa 1 $^1/_2$mal mehr an Starthöhe als das gleich schwere Spielzeugauto. An den Reibungsverlusten kann das nicht liegen, denn eine Kugel rollt sehr gut. Die Lösung war bald gefunden: Beim rollenden Wagen wird die gesamte potentielle Energie in die Vorwärtsbewegung gesteckt – die Geschwindigkeit reicht aus, um im Scheitelpunkt mit der Zentrifugalkraft die Erdanziehung auszugleichen. Bei der Kugel jedoch muß ein großer Teil der Anfangsenergie in die Rollbewegung gesteckt werden! Denn jedes Teilchen der Kugel muß erst einmal rotieren, damit sich die Kugel vorwärts bewegt – und das kostet Energie. Die Kugel erreicht also im Scheitelpunkt überhaupt nicht die erforderliche Geschwindigkeit und fällt deshalb nach unten. Erst wenn die fehlende Energie durch die kräftige Erhöhung des Startpunktes ausgeglichen wird, gelingt das Kunststück.

Dieser Einfluß der Rotationsenergie ist sehr leicht mit Konservendosen zu testen. Läßt man zwei gleich große und schwere Büch-

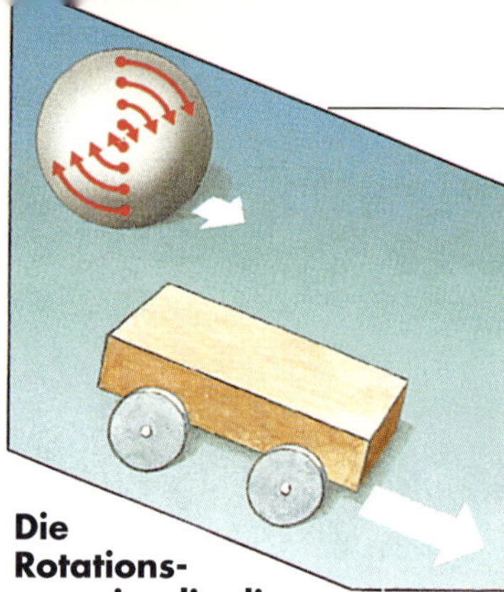

Die Rotationsenergie, die die Kugel aufnimmt, führt zu ihrem Absturz.

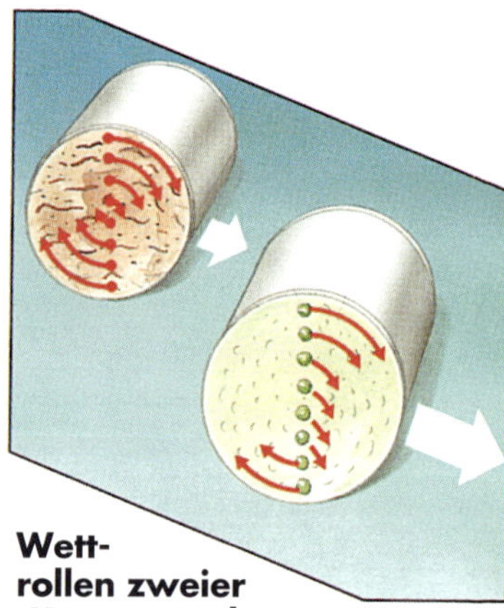

Wettrollen zweier Konservendosen: Diejenige mit dem flüssigen Inhalt gewinnt.

sen, die eine mit Erbsen, die andere mit festem Corned beef gefüllt, eine Schräge herabrollen, so ist die Erbsenbüchse schneller als die Cornedbeefbüchse.

Die Erklärung ist einsichtig. In der Cornedbeefdose muß jedes Teilchen erst einmal rotieren, bevor es vorwärts kommt – also an Geschwindigkeit gewinnt. Bei der Erbsenbüchse werden nur die Teilchen am Rande mitgerissen und in Drehung versetzt. Der flüssige Kern bleibt auf diese Weiserelativ unbeweglich. Deshalb geht nur ein geringer Teil der Vorwärtsbewegung an die Rotationsenergie verloren. Die Büchse mit flüssigem Inhalt ist deshalb schneller als die mit festem. Bei sehr zähem Inhalt allerdings verwischen sich die Unterschiede. Eine aufregende Methode, den Inhalt einer Konservendose zu testen.

Bildquellennachweis

Titelbild: Lothar Reichel, Dachau

Porträt: Axel Springer Verlag AG, Hamburg, »HÖR ZU«/R. Hayo;

Manfred Abrahamsberg, Frankfurt, S. 50 u. re.; A.G.E., Barcelona, S. 58 (Foto Stock); Deutsche Lufthansa AG, Köln, S. 62 re. o. und u.; Bildagentur Geduldig, Vaihingen, S. 77 (Enz); Circus Knie, Rapperswil/Schweiz, S. 38 (Bea Frey); dpa, Frankfurt, S. 6 (Agence France), S. 31 o. (Camera Press), S. 33 o. und S. 37 re. (König), S. 47 u. (Kleefeldt), S. 50 o. re. (Diener), S. 52 (Scholz), (Clown re. im Bild: Montage) S. 75; Flugzeugbau GmbH, Bruchsal, S. 49 (Glaser-Dirks); Winfried Teschauer, München, S. 71; Gruner + Jahr Fotoservice, Hamburg, S. 46/47 (Harker); Dr. u. Häussermann, S. 45; IFA-Bilderteam, München, S. 9 (Carson), S. 21 (P. Graf), S. 24: Mann (M. P. Manheim), S. 24: Weiher (Fischer), S. 66 (UPA); H.-G. Isenberg, Fellbach, S. 8 u., S. 11 o.; IST Energietechnik GmbH; Kandern-Wollbach, S. 36; Keystone Pressedienst GmbH, Hamburg, S. 16: Frau, S. 35; Siegfried Layda, Wiesbaden, S. 16: Blitz und Montage, S. 23 re., S. 50 u.; NASA, Houston/Texas, S. 64 o. und u., S. 74 o. und u., S. 76 Mi. und u.; Silvestris Fotoservice, Kastl, S. 8 o. re. (Harding), S. 14/15 u. S. 53 a., S. 56 (The Telegraph Colour Library), S. 31 u. (R. Maier), S. 48 (F. Marquez), S. 59 o., S. 62 u. (Dr. G. Wagner), S. 62 li. o. (Rausch); State of Art, S. 63; Tony Stone Associates GmbH, München, S. 32 (Scott Orazem); VDI-Nachrichten, Düsseldorf, S. 13 u. re. (Barbara Oderich); ZEFA/Deuter, Düsseldorf, S. 72

Alle weiteren Fotos: Lothar Reichel, Dachau
Illustrationen: Rainer Benz, Stuttgart

HEYNE BÜCHER

Eckstein

Kniffliges für Rätselfreunde aus dem ZEITmagazin

08/9195

Außerdem erschienen:

Um die Ecke gedacht
Band 2
08/9367

Um die Ecke gedacht
Band 3
08/9401

Um die Ecke gedacht
Band 4
08/9436

Um die Ecke gedacht
Band 5
08/9450

Wilhelm Heyne Verlag
München